时候失败是用来玩的

方 道 ◎ 编著

Youshihou
Shibai shiyonglai Wande

中国华侨出版社

图书在版编目（CIP）数据

有时候失败是用来玩的/方道编著.—北京：中国华侨出版社，2012.5（2014.10 修订版）

ISBN 978-7-5113-2263-0

Ⅰ.①有… Ⅱ.①方… Ⅲ.①成功心理—通俗读物
Ⅳ.①B848.4-49

中国版本图书馆 CIP 数据核字（2012）第 052886 号

●有时候失败是用来玩的
_____

| 编　著/方　道
| 责任编辑/梁　谋
| 封面设计/纸衣裳书装
| 经　销/新华书店
| 开　本/710×1000 毫米　1/16　印张 18　字数 210 千字
| 印　刷/北京溢漾印刷有限公司
| 版　次/2012 年 5 月第 1 版　2014 年 10 月第 2 次印刷
| 书　号/ISBN 978-7-5113-2263-0
| 定　价/32.80 元

中国华侨出版社　北京朝阳区静安里 26 号通成达大厦 3 层　邮编 100028
法律顾问：陈鹰律师事务所
编辑部：（010）64443056　　64443979
发行部：（010）64443051　　传真：64439708
网　　址：www.oveaschin.com
e-mail：oveaschin@sina.com

前言

  在人生的路途之中，我们不断前进，去寻求真实和美好。在这条探索的路上，不可能一帆风顺，痛苦、挫折、失败、苦难总会伴随在我们左右，阻拦我们前进的脚步。面对这些生活的苦难，我们不能因为痛苦而停止探索。生活是一面镜子，你对它哭泣，它也会给你摆出苦脸；你对它微笑，它便会对你展开笑脸。无论多苦，都要抱着积极的心态，把痛苦踩在脚下，你才能乘风破浪，尽快突破困境。当达到成功时，你会发现，有时候失败只是用来玩的。

  生活中充满了众多不如意的痛苦和失败。或许是我们的能力不及，需要再接再厉；或许是上天给我们的磨难，需要我们勇敢历练；或许是生活给予我们的启迪，需要我们放下包袱，勇敢面对。酸甜苦辣是人生的味道，舍苦留甜的人生是不完整的。无论是哪种困境，既然已经来临，我们就不能逃避，做一个坚强的人，笑对酸甜苦辣且丰富多彩的人生。

  痛苦与失败都已经成为历史的一页。如果我们依然沉溺于过去的光环中，那么以后的路或许成功不再；如果你悲哀于过去的失败，那么未来还是失败在等着你。所以，在今天通往明天的路上，要放下过去的包袱。过重的回忆反而会减慢你的速度，影响你的前进。做一个淡薄过去的人，学会坦然面对生活，学会轻装上阵。

  心态决定一个人的命运。要用健康心态面对人生，积极向上，坚持到底，对过去得失随缘，对未来充满希望；用一颗好学的心来让自己每天进步一点点，但是别忽略"三人行必有我师焉"，保持谦虚的心态，永不自满。

我们要学会在苦难中成长，面对苦难，要学会微笑，要敢于吃苦，因为苦尽才会甘来——苦难是必经的磨炼，在经历磨炼的时候，要学会灵活变通，或许换个方向别有一番风景。

自己的人生自己作主。珍惜自己，爱护自己，往好的方向改变自己，但不要让自己成为别人的影子；选择自己喜欢的生活方式，适当地给自己加压；通过帮助别人来达到善待自己的效果；善待自己就要放宽胸怀，别跟自己过不去；人生不过短短数年，要活出自己的精彩。

在痛苦和失败当中，我们要鼓舞自己，欣赏自己，相信自己。但是更重要的是在重新认识自己以后，改变自己。自己才是你最强大的敌人，勇于挑战自己，在战胜自己的过程中你才能实现自我超越。面对艰难困苦，我们不能停留在借口上，要积极地选择方法。放弃那些抱怨吧，做一名生活的勇者；放下自暴自弃，做一个人生的强者。对未来充满了希望，从今天着手奋斗，只有积极行动的人，才能改变自己的命运。

对幸福的追求是我们人生的最终目标，将痛苦和失败踩在脚下，是一种人生的超然。贫穷也好，富贵也罢，都无法和快乐等价。一个快乐的人生不是别人给你的，而是自己选择的。没有不带伤的船，只有不快乐的心。选择快乐，就是选择了与痛苦绝缘。

本书通过八章的讲述，将人生的浅显而又深刻的生活哲理向读者娓娓道来，希望它能够让您感悟人生的真谛和美好，正确地看待痛苦和失败，重新整理行装，面带微笑走上新的征途。

目 录

一、痛苦本应踩在脚下
——用智慧托起转机新起点

当失败的阴霾笼罩心头，你是否想过，天气再怎么阴暗和肆虐，也终将会有风轻云淡、天气晴好的时刻？那些追求事业的人，谁不渴望成功青睐自己？谁都知道，失败的滋味不好受。但在追求理想的道路上，失败却总是不可避免的，个人意志并不能百分百控制它，因此我们要正视失败。只要我们锲而不舍地踏着失败搭成的阶梯不停地攀登，成功就会拥抱我们。

摆脱内心失败的阴霾吧，其实生命中的真谛并不是只有胜与负，生命的过程不过就是一个不断栽跟头又不断爬起来的曲折历程。摆正我们的心态，扫除失落的阴霾，信心满满地迎接挑战，去寻觅属于我们的成功。

今天的尽职尽责是为明天的进步做准备 …………………… 2
微笑面对困境，用自救赢得转机 …………………………… 7
给自己施压，失败是成功的试金石 ………………………… 11
不要因别人的看法迷失了自己 ……………………………… 16

注意细节，于无声处塑造自我形象 …………………… 20

与人合作，你将拥有更多的机会 ………………………… 23

从事感兴趣的职业，才能找到真正的幸福 …………… 27

天道酬勤，失败也怕勤奋的开拓者 …………………… 32

二、摆脱内心失败的阴霾
——寻觅我们的成功在哪里

有的人认为失败很遥远又很陌生，其实离我们最近、最熟悉不过的就是我们经常经历的失败了。人们都习惯崇敬事业上有成就、取得了成功的人，却很少理会那些为事业付出过艰辛的劳动、辛勤的汗水，甚至于宝贵的生命的失败者。当然，成功者是可敬的，然而很多人却说："我们崇拜那些没有捧到鲜花的英雄。"

所以，勇敢地驱散失败的阴霾吧！没有真正的失败，只不过是你尝试了一种不成功的方法而已，换种思路再试试，就会寻觅到真正的成功之路。

可以失败，但不可以失落 …………………………………… 38

坦然接受失败是成熟的表现 ……………………………… 42

放下吧，负累越多越伤心 ………………………………… 45

计较得越少，得到的就会越多 …………………………… 49

负起责任比说"对不起"更重要 ………………………… 53

人生充满变数，会选择更要会放弃 …………………… 59

消除自卑的心理，你就是独特的风景 ………………… 66

相信命运，但不应臣服于命运 …………………………… 70

三、正视职场风云的纠结
——勇于攀登事业的险峰

职场路上几多艰辛几多坎坷，只为到达我们梦想的地方！职场之路波诡云谲，事业的不顺让人痛苦不堪、苦恼纠结，然而失败不是人生的陷阱，或许它正是命运赐予我们的礼物。事业之路正是越过了坎坷，才会有坦途。有了一次失败，便有了一次经历；有了一份失败，便多了一次向成功冲刺的纪录。拼搏事业的人拥有不舍不弃的气概，永恒地进取，才会拥有幸福的人生。失败不可怕，它是对强者的考验，对弱者的淘汰；它还是催化剂，它能使我们职场这杯酒更加醇美。事业之路漫长而充满了美妙的奇遇，只要我们不惧失败、勇敢攀登！

职场上只有坚忍的成功者	76
只有在风雨中才能历练出优秀的水手	80
大失败孕育着大成功	84
用别人的成绩激励自己前行	88
过分比较，只会给自己带来更多的痛苦	93
抛弃抱怨，我们须事事尽力	97
挑战你的极限，以苦为乐	100
顺势调整自己，向着更强更大迈进	104

四、情路艰辛并不可怕
——爱往往会在拐弯儿处等着你

　　世间总有太多为情所困的人，但感情总是要有一个过程的，尽管这个过程里有美好的等待，也有痛彻心扉的怨艾，情路艰辛但执著的人们无所畏惧。幸福的爱情，不是几滴眼泪，几封情书，不是朝朝暮暮的相依相偎，而是走过艰辛之后的从容不惑。不管是曾经为了爱而努力，还是为了爱而逃避，今天仍可以幸福面对，面对幸福！当因为社会现实、他人干预、情意不和等因素而感情破裂时，失恋的挫折就会严重影响人们的生活。从热恋关系中断裂出来，一下子失去了自己最亲密的人，对大多数人来说是痛苦的。失恋者常常为逃避现实，缩小了人际交往圈，精神生活上既折磨自己又影响旁人的情绪。就请记住普希金的诗句："假如生活欺骗了你，不要忧郁，不要愤慨！不顺心时暂且忍耐；相信吧，快乐的日子就会到来。"情路艰辛并不可怕，爱往往会在拐弯处等着你。

不能让情感的挫折淡化自己的信念 …………… 108

丢掉情感垃圾，轻装上阵再出发 ……………… 113

洒脱些吧，痛苦与快乐是相对的 ………………… 117

摒弃猜疑，给生活加点情趣 ……………………… 122

痛苦和失败，是因为我们误解了爱情 ………… 128

摒弃冷漠，细心呵护你们的爱 ………………… 133

消除婚姻苦痛，给爱一个自由的空间 ………… 137

五、淡定的人生不寂寞
——给痛苦加点微笑的作料

有的人生活充满了奔忙，内心却很痛苦；有的人的生活简单，内心却很淡定。其实，我们没必要活得那么累，让幽默把心里的阴霾一扫而空，自己也会得到轻松。将痛苦踩在脚下，失败了就再重来一次，没有什么大不了啊！只有经历过失败的考验，人生才会更值得回味。

如果我们的人生缺乏淡定，缺乏对点滴幸福生活的追求，就让我们的生活多些微笑吧！让我们的人生因此不再寂寞。

抗争命运，强者从来不服输 …………………… 142

人生是海水，痛苦就是盐 …………………… 147

痛苦的蜕变，是你成长的年轮 …………………… 151

人生没有痛苦，就会有缺憾 …………………… 155

发掘幸福源泉，守住友谊方寸之地 …………………… 158

处变不惊，在淡定中赢得转机 …………………… 162

快乐是走出逆境和失败后的犒赏 …………………… 164

不让自己陷入怀疑和假设的泥潭 …………………… 168

六、永不放弃我们的信念
——把自己培养成不怕失败的人

　　痛苦与失败尽管不幸，但换个角度来看，是对人的意志、决心和勇气的锻炼，也是对人综合实力的检验。强者遭遇挫折会越挫越勇，弱者遭遇挫折会一蹶不振。失败是成功之母。坚守信念，不怕苦难的锤炼，终会将我们打造成具备成功潜力的人。

　　人是经过千锤百炼才成熟起来的，重要的是吸取教训，不犯或少犯重复性的错误，将自己培养成不怕失败的人。

　　困境中坚守信念不容易，我们可以及时调整心态，不因小败而失信心，不因小挫而失锐气。要找出自己的优势和特长，比如注重品德的培养、口才的锤炼、勤奋努力等，想想是否都得到充分的发挥了；观察别人的长处，以取长补短。要记住：人生的转折点往往始于失败，失败会使人猛醒、冷静、理智和振作，使人重新扬起生命的风帆！

拥有人脉，机会蕴藏在信息之中 ················ 174
等待中积蓄力量，激发创造潜能 ················ 179
每天比别人多做一点 ························ 183
大多数的失败都是因为半途而废 ················ 187
学会把负数变成正数 ························ 191
善于利用零散时间创造价值 ···················· 195
提高效率，成功会变得更容易 ·················· 200

七、营造自我快乐心境
——得到属于自己的精神富足

痛苦和失败对于我们的精神是一种伤害，此时，除了坚强地与困难抗争之外，我们还需要积极营造内心的快乐心境，使自己的精神富足。

生活里，我们需要用淡定的心态去营造美满的生活。如果不是急事大事，索性放下不去管它，过一阵子再说，或许会有更清醒的认识、更合理的打算，这是种精神层面的富足。要把握好眼前的时光，不要让它白白流逝。必要的时候，我们要果断地放弃最初的打算，重新安排其他事情。有得必有失，想在方方面面都有建树很难，经过慎重选择后，对得到的会心安理得，对失去的会心甘情愿，没有紧张和焦虑，没有沮丧和失望，快乐心境自然会回归到我们的生活之中！

适应环境的变化，踏上新的征程 …………………… 204
拓宽思路，给成功一点"赢"思路 ………………… 208
学会放松，为幸福护航 ……………………………… 213
带给自己快乐，带给他人激励 ……………………… 216
活得真实，不让虚名遮住了美丽的风景 …………… 220
抱有空杯心态，让我们的人生更加豁达 …………… 222
激情是我们向上的动力 ……………………………… 226
幽默的态度为成功添砖加瓦 ………………………… 231

八、玩味人生的 N 次转折
　　——卓越是要靠自己去争取的

　　我们在这个世界上生存，不能够事事计较，不要沉浸在痛苦的回忆之中。而是要凭我们的努力，认真修炼自己的品性，提高自己战胜痛苦的实力，从无限的发展变化中寻求转机，走上通往卓越的成功之路。

　　人生苦短，生活不可逆转，可供我们休闲的日子并不是很多，我们孜孜不倦地努力为的是追求幸福和快乐，但背负着过去的痛苦和失败走完这一生真的不值得。当过去的痛苦袭上心头时，有意识地转移自己的思绪，控制自己的情绪，使自己乐观起来。同时，加强自身的修炼，储藏成功的实力，为未来的成功铺就道路。淡忘过去的痛苦，才能走出自己的心狱，走向未来的卓越！

爱好带给你快乐 …………………………………… 236
在逆境和顺境中历练，拓宽生命的高度 …………… 239
辛勤与智慧相结合，活出自我 …………………… 243
竞争是进步的一种手段 …………………………… 248
高傲地昂起头，才能看到希望 …………………… 254
善于自省和思考，就会走向卓越 ………………… 259
可以失败，但不可以放弃 ………………………… 262
没什么也不能没有目标，路要一段段地走 ……… 266
在学习中不断自我超越 …………………………… 271

一、痛苦本应踩在脚下
——用智慧托起转机新起点

　　当失败的阴霾笼罩心头，你是否想过，天气再怎么阴暗和肆虐，也终将会有风轻云淡、天气晴好的时刻？那些追求事业的人，谁不渴望成功青睐自己？谁都知道，失败的滋味不好受。但在追求理想的道路上，失败却总是不可避免的，个人意志并不能百分百控制它，因此我们要正视失败。只要我们锲而不舍地踏着失败搭成的阶梯不停地攀登，成功就会拥抱我们。

　　摆脱内心失败的阴霾吧，其实生命中的真谛并不是只有胜与负，生命的过程不过就是一个不断栽跟头又不断爬起来的曲折历程。摆正我们的心态，扫除失落的阴霾，信心满满地迎接挑战，去寻觅属于我们的成功。

今天的尽职尽责是为明天的进步做准备

人的一生总会遇到各种挑战与困境，有时甚至会把我们拖入痛苦不堪的境地。在失败与痛苦面前，大多数人选择了逃避与放弃，敷衍地度过自己的一生。唯有那些在绝境里依然尽职尽责、以顽强的生命力挑战命运，最终为成功赢得机遇的人，才得以收获成就、拥抱成功。

市场是有风险的，不可能每一笔生意都会赢利。人生的路途也是一样，不可能条条道路都是坦途。要做好生意，就得在风险中坚守本职、尽职尽责。社会和经济的变化给我们每个人提出了更多的要求，人人都必须为市场的变化付出更多的努力。因此，今天的努力是明天的市场，今天的勤奋是明天的成果。"今天你尽力了吗？"这样一句直接而简短的话却很让人回味。那些有大成就的人，无不是在失败的阴影中，在痛苦的折磨下，坚守信念，坚定目标，努力勤奋，才最终收获成功的。古往今来这样的成功之例我们见到不少，所以，我们不能被暂时的失败与痛苦吓倒，碰到问题不要畏惧，要努力去面对，要不断发掘自己的潜力。对于一时条件不成熟，受外部条件制约的要努力寻找合适时机；对于经过自己努力就能解决落实的问题，应当机立断马上行动，为明天的成功做好准备。

处于失败的境地，我们不能意志消沉，更不能放弃努力。一个人只有在面临困境时咬定青山不放松，坚持走下去才能一步步走向成熟、走向成功。因此，失败中的坚守最难能可贵。人生之路并不平坦，但也没有不可逾越的困难，我们只要坚定地翻越山丘就能一览广袤天地。回首过去，之前所经历的或许只是小小的挫折，坚持下来，终将会成功。你今天的尽职尽责就是为明天的坦途做铺垫。

小刚是一位从名校刚毕业的新人，他被某知名企业录用。小刚很有能力，老板也非常赏识他。一次老板要开发一个新项目，让小刚拿出一份计划书。第二天小刚就做了出来，交给了老板。老板拿到计划书瞄了几眼说道："这就是你做的计划书吗？简直糟糕透了，这是你能做的最好的计划书吗？"小刚听了犹如遭到晴天霹雳，痛苦、挫败感向他袭来，他真想打包走人，不再受这份窝囊气，但他还是犹豫了一下，拿走了计划书。三天后小刚拿出了新的计划书忐忑地交给了老板。这次老板的表情平和多了，问道："这就是你能做的最好的计划书了吗？"小刚考虑了一下又拿走了计划书。一个星期后，小刚又拿出了一份计划书。老板问："这就是你能做的最好的计划书了吗？"小刚回答说："是的！"老板没看计划书就还给了小刚。说道："你的计划书通过了！"半年后，小刚获得了升迁。

这个故事告诉我们尽职尽责的难能可贵，老板的怀疑和批评对于刚出道的小刚来说，打击无疑是很大的，但因此就甩手不干，不但对公司的整体效能产生不利影响，而且对自身的职业成长和个人信誉度的建立也是一个巨大的打击。困难的来临是不确定的，但只要我们向小刚学习，暂时将痛苦和失败踩在脚下，擦去伤心的泪水，将内心的不平化作努力地工作，那么转折也是顺理成章的事情。

"该做的是否做好了，能力所不及的打算怎么办，对自己的工作，你是否问心无愧。"很多人将这一点作为检验工作是否尽职尽责的标准，事实证明，他们的人生也因此获得了转机。

古时候，有一个国王，他有很多敌人，特别在漆黑的夜晚，敌人随时都有可能包围他的官殿。

仙鹤拥戴国王，它们生怕国王遭遇不测，对他的安全十分关心。"我们应该做些什么呢？"仙鹤们聚集在一起商量说："那些士兵并不尽忠职守，夜间常打瞌睡；而那几只狗，白天出外打猎累得要命，也不能过多指望。为了让国王安心入睡，我们应该起来行动，设法保卫官殿。"于是，仙鹤成了国王的义务哨兵。它们把自己分成三群，每一群都有规定的站岗地点，到了约定的时间轮班替换。

皇官周围有一大片草原，在这里值勤的仙鹤最多；另外一些仙鹤负责看守官殿的进出口；还有一些仙鹤在国王的寝官里守夜，在国王睡觉时，它们睁着眼睛在一旁注视着。

"我们站岗时要是困了怎么办？"年轻的仙鹤问。

"好说，我有一个百试不爽的高招！"领头的仙鹤经验丰富，它献出了自己的妙策，"站岗时，我们都用脚爪抓住一块石子，万一谁忍不住打瞌睡了，石子就会从松开的爪子里掉下来，石子的声响会让所有的仙鹤都有所警觉。"

自此以后，仙鹤们每天晚上都在规定的时间、规定的地点进行值勤。它们总是用一只脚站立在哨位上。为了国王的安全，谁都没有让石子从自己的脚爪里掉下来。

仙鹤是这样地忠于职守，因此，人们又称它是王鹤或冠鹤。

上述故事高度赞扬了仙鹤忠于职守的可贵精神。仙鹤为了站岗时不打瞌睡，想出了一个好办法——只用一只脚站立，另一只脚爪抓住一块石子，一旦忍不住打了瞌睡，石子就会从松开的脚爪里掉下来，石子碰撞的声响就会惊动所有的仙鹤，从而保证了国王的安全。久而久之，仙鹤就形成了一只脚站立着睡觉的习惯。

人们学习这个故事，目的就是要学习仙鹤这种可贵的精神。无论对待什么事情，都要忠于职守，尽己所能，踏踏实实、一丝不苟地完成，而不能抱着马马虎虎、得过且过、敷衍塞责的态度。只有这样才能做出成绩来，消除失败和痛苦，成为一个有所作为的人。

其实，很多名人在成名前和凡人并无多大不同。所以，我们无须抱怨贫富不均，生不逢时，社会不公，机会不等，和所谓的制度僵化、条理繁复与伯乐难求。要知道，其实每个人都有出人头地的机会。只不过是一些人在黎明前的黑暗里，忍住了饥饿和寒冷，坚守了信念，磨砺了本领。明天或者明年，同样会诞生像他们一样成功的人，就看今天的你是否尽职尽责了。

失败与痛苦来临，我们是向生活投降吗？这是我们迟早要做的。但是，我们千万别向自己妥协，因为那样你一样不会安心，都是一辈子的事。为什么对外宣称自己无比幸福的人一样要不断地祈祷？成功和失败是家常便饭，我们本来不需要任何的伪装，不是吗？就像在战场，宁可战死，也不被俘虏，宁可被俘，决不自杀！所以，我们没有理由对自己绝望！

其实在我们的周围，有很多人本身具有达到成功的才智，可是每次他们都与成功失之交臂。于是觉得老天对他不公平，怨天尤人。其实，他们有没有认真地检讨过自己呢？总是不愿意踏踏实实地做好自己的本职工作，总是期望得很多，付出得很少，内心里不屑于去做他们心中的"一般的小事"。每当失败来临，遭遇痛苦和挫折，我们都要以坚强的心为明天做好准备，方可迎接新的明天！

幸福悟语

令人痛苦的事情难以避免，一时的失败也是不能改变的，但这并不能决定你以后的人生走向，如果你意志消沉，那么今后的路也将注定失败到底；相反，如果你能在失败中坚定信心，锤炼品格，为明天未雨绸缪、打牢基础，明天东山再起的英雄就必定是你。

微笑面对困境，用自救赢得转机

人的一生中，经历挫折在所难免。生活有时往往就是因为有了这些挫折才变得灿烂，事业也正因为有了困难才变得更加辉煌。其实每一个人都能微笑面对顺境。但要我们微笑面对困境，尤其是微笑着面对那些让我们痛彻心扉的失败与痛苦并非易事。然而，越是有大成就、大作为的人，越能面对困境。

人生有两种情况：困境和顺境。当我们面对困境，更需要勇气，勇敢地面对生活所强加的必须。困境激发了无数人的斗志，也湮没了无数意志软弱的人。人生是公平的，就好比是大浪淘沙，只有经历了大风大浪的人，才能成为有用的沙子。

我们不会自动走出困境的囚笼，也不可能永远被他人救起，唯一正确的方法，就是要学会在困境中自救，以赢得命运的转折。我们做任何事情都必须舍得付出，与其自怨自艾唉声叹气，不如静下心来努力钻研。"舍得"两字搭配得非常巧妙，只有舍才能得，只有耕耘才有收获。一个理智的人不会将自己的前途与命运寄托在类似天上掉馅饼的好事上面。尽管说我们提倡科学的工作方法，但任何有效的方法都是建立在辛勤工作的基础之上的，也只有在工作中发挥自己的智慧才能对工作方法进行完善和提高。

微笑是一种积极的态度,是走出困境的唯一密码,微笑激发我们巨大的潜能。困境是一所大学,每一个人如果没有面对困境的现实,就不会拥有同命运进行搏斗的机会,也就没有了同坎坷磨砺的经历,更别提在黑夜跋涉中发现自己的潜能,这样成功也许永远停留在梦里!我们需要多点沟通,少点纠纷。失败不能气馁,而是要提高工作效率,用最有效的方法去工作!尽快在目前的逆境中找到突破口。我们需要改变,改变当前的不利局面!

鲁冠球是万向集团的总裁,他曾位列《福布斯》杂志中国内地富豪排行榜第四。他是一个白手起家的企业家,更是一个不怕困难、艰苦创业的强者。从年轻时代的白手起家到中年的辉煌成绩,这期间并不是一帆风顺,各种各样的困难都充斥在前行的途中。

由于家境贫寒的原因,鲁冠球15岁时便已辍学。他在当地当了一个打铁的小学徒,经过三年的学徒生活,鲁冠球对机械农具非常熟悉,也使他对机械设备产生了一种特殊的情感。1969年他大胆接管了宁围公社农机修配厂。事实上,当时的这个农机修配厂只是一个只有84平方米破厂房的烂摊子,经济效益不好,眼看着就要支撑不下去。宁围公社农机修配厂以前生产的万向节产品仍然大量积压在库房中。由于没有销路,厂子已经有半年不能按时给职工发工资了。

面对着刚接过手的难题,鲁冠球没有退缩,也没有愁眉苦脸，而是以一种泰然的心态微笑面对困境。他积极地行动起来，仔细分析厂子的情况，对症下药。另外，他总是面带笑容，不但给了自己鼓励，也把整个厂子的气氛带动起来，人人都觉得这笑容就是代表这厂子有救了。鲁冠球组织30多名业务骨干，兵分几路，天南海北，到处探听汽车万向节的生产销售情况，周旋于各地汽车零配件公司之间，为产品找到了销路。后来，他又将一个铁匠铺向汽车零部件生产的方向转变，一步一步地在困难中走出了光明。可是鲁冠球说："困难并没有什么可怕的。我年轻的时候也曾对困难畏惧过，但我们只要微笑的面对它，困难也就没那么严重了。"

这个故事为我们展示了一位在困难面前不屈不挠、迎难而上的企业家的风范，同样是面对困境，泰然的心态非常重要，再加上百折不挠的努力和拼搏，命运真的就发生转折了。鲁冠球说他经过这些年的经历，积极的心态是非常重要的，没有跨不过去的坎，没有翻越不了的山，困难面前，你对困难再痛苦也无济于事。相反微笑地对待那些困难，将困难看轻看淡，困难也就不会那么严重，那些难题就能迎刃而解。所以，那些失败与痛苦是极其微不足道的。

当很多人为鲁冠球今天的显赫成绩艳羡不已的时候，我们有谁又能想到，他也是从众多的失败和痛苦中走出来的。在30多年来的成长历程中，他带领着企业历经了无数次的磨难，比如摆脱技术的困扰，产品销路不畅的困境。在这些困境的摸索中，他才找到了正确的方向，创造了中国的跨国集团公司。

遭遇困境，我们在很多时候是被自己吓倒的。微笑地面对困难才能把内心的恐惧打倒，从而克服困难，继续前行。人最大的敌人其实不是别人，而是自己。人最容易被内心的恐惧打败，所以积极的心态让人有更多的信心，迎战生命中的各种困难。

约翰·汤姆森是一位美国高中生，他住在北达科他州的一个农场。1992年1月的一天，他独自在父亲的农场里干活。当他在操作机器时，不慎在冰上滑倒了，他的衣袖绊在机器里，两只手臂被机器切断了。

汤姆森忍着剧痛跑了400米路，来到一座房子里。他用牙齿打开门闩，爬到了电话机旁边，但是无法拨电话号码。于是，他用嘴咬住一支铅笔，一下一下地拨，终于拨通了他表兄的电话，他表兄马上通知了附近的有关部门。

明尼苏达州的一所医院为汤姆森进行了断肢再植手术。他住了一个半月的医院，便回到北达科他州自己的家里。经过治疗，他已能微微抬起手臂，并已经回到学校上课了，他的全家和朋友都为他感到自豪。

泰戈尔有一句名言，当他微笑时，世界爱了他；当他大笑时，世界便怕了他。微笑应是一种生活态度，让我们微笑着，去唱响生活的歌谣吧。

困境是筛选人才的漏斗，我们只有勇敢地接受它、攻克它，或许才能免除被筛选和失败的风险。看看那些成功的人吧，他们也曾痛苦彷徨过，但他们并未因此消沉，而是用勇气迎接挑战，打造了强大的灵魂，最终成为敢于向生活微笑的人！

幸福悟语

困境是上天赠与我们的礼物，你只有微笑地去接受它、理解它、摆脱它，才能真正领受到上天的恩赐。然而，很多人在面对困境时，首先想到的是失败与痛苦，并不能以平常心坦然地去面对它，以至于深陷其中不能自拔。微笑地面对一切困境，这是你人生转折的契机，也只有如此，你的灵魂才会更加强大。

给自己施压，失败是成功的试金石

没有人会为我们的成功负责，更没有人为我们的失败与痛苦埋单。今天你的逃避，将是你明天痛苦的根源。所以，醒醒吧，给自己的人生设限，给自己的成功设限。将失败当做是成功的试金石，将痛苦踩在脚下，勇敢无畏地前进，奔着你最近的目标不断前进，你的失败与痛苦将不会白费，反而会成为你的一笔宝贵财富。

人们常说知足者常乐，却不知道，事事知足者往往难以在事

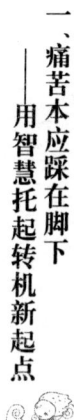

业上有所突破，注定一生平庸。我们若不给自己设限，就没有限制你超越的藩篱，人生便无止境。失败与痛苦将我们的梦想击个粉碎，不给自己目标和压力，梦想就会成为泡影。梦想有多远，舞台就有多大，我们要相信自己，一切皆有可能！

在某些时候，我们会突然发现，自己在追逐的其实已经是另外一个梦想，就像风在不经意间改变了方向一样。我们或许不知道应该怎样回答这个问题。但反过来想，在没有尝试过之前，真的不知道，至少是不能确定，自己最适合做什么，失败后能否东山再起？生活和工作中的变化无处不在，我们更需要有一个目标鼓励自己勇往直前，拒绝蹉跎彷徨。但也不能因此而轻易给自己设置太多的限制，认定自己只能这样，而不能那样。无论如何，"在一棵树上吊死"和"不给自己施压"的幸福疗法，将会成为我们失败的伏笔。

不给成功设限，你会得到意想不到的东西。当你在意料不到的时间内完成了意想不到的业绩时，同事们会充满敬意地赞叹："真想不到，你是怎么做到的呢？"你则不无感慨地说："还不都是被逼出来的！"那么，"逼出来的"究竟是什么呢？这就是不设限的压力状态下，所激发的人的潜能。通过紧张而充满压力的外部环境来刺激自我，挑战极限，进而激活自身潜能的完全释放。

我们所设定的目标又分成许多不同种类，如，人生终极目标、长期目标、中期目标、短期目标、小目标，这么多的目标并非处于同一个位置上，它们的关系就像一座金字塔。如果你一步一步地实现各层目标，取得成功注定容易获得；反之，你若想一步登天，那就相当困难了。因此，我们要讲究合理地设定目标，既不能太大，也不能太小。

压力是生命的需要，是生存和发展的需要，我们不要去逃避它。

在美国的一个生物实验室里，一位教授曾对两只老鼠做过实验，他把一只老鼠的压力基因除掉，并将它与另一只正常的老鼠一同放在一个有500平方米的仿真自然环境中。那只正常老鼠走路觅食总是小心翼翼，一连生活了几天没有出现任何意外，它甚至为自己过冬储备食物。而另一只没有压力的老鼠从一开始便显得很兴奋，对任何东西都极为好奇，走路也无小心翼翼之状。

缺乏压力基因的老鼠仅用一天时间，便大摇大摆把500平方米的全部空间参观了一遍，而那只正常老鼠用了近4天的时间才参观完毕。前者把高达13米的假山都攀登了，而后者最高只爬上盛有食物仅2米的吊篮。结果，那只身上已无压力基因的老鼠爬上假山后，在试验能不能通过一块小石头时掉了下来，摔死了。而那只正常老鼠因有压力基因，仍鲜活地生活着。

这个故事里，拥有进取压力的老鼠获得了生命的新生，它很谨慎很有耐心，很好地规避了失败的风险。而没有压力的老鼠妄自尊大，失去了对自我的保护，结果丢掉了性命。所以说，没有压力的人生是很危险的，它让我们没有目标，活得庸庸碌碌。不会将绊脚石的教训当做走好下一步路的警示标，不会从失败和痛苦里汲取对我们成长有用的东西。

为了让生命更充实，就先确定一个目标吧，但要求不能脱离现实。比如说，一位打工族立志要业余努力学习，他就可以在空余的时间看看励志的电影，像《风雨哈佛路》都是挺不错的。我们要想给自己压力，那很简单，我们要结婚生子，要养儿育女，要担负很多很多的不可预知的问题，这世上没有他人能够为自己解答，只有自己才可以去应对，也只有自己才能解决！没有人会真正在乎我们的个体，除了自己的亲人，但亲人也有离去的一天，所以，只有加油学习、努力工作，加油再加油！别无选择。

给自己压力就要珍惜时间，人最大的压力就是生命短促，时不我待。苏联昆虫学家柳比歇夫说："人最宝贵的是生命，仔细分析来说，最宝贵的是时间，因为生命是由时间构成的，一小时，一小时，一分钟，一分钟地积累起来。"热爱生命就要珍惜时间，与其在痛苦里浪费青春，不如在这段时间做些有意义的事情。

在茂密的山林中，一位游客迷失了方向，一位挑山货的少女告诉他前面是鬼谷，是山林中最危险的路段，一不小心就会摔进深渊。于是当地居民就定了一条规矩，凡路过此地者都要挑点或者扛点东西。游客惊问：这么危险的地方，再负重前行，岂不是更危险？少女笑答：只有你意识到危险了，才会更加集中精力，那样反而会更安全。这儿曾经发生过几起坠谷事件，都是游客在毫无压力的情况下一不小心掉下去的。我们每天都挑点东西来来去去，却从来没有人出事。游客没办法，只好接过少女递过来的一根沉木条，扛在肩上。这位游客最后平安地走过了这段鬼谷路。谁也不会想到，这根沉木条在危险面前竟成了人们平平安安的"护身符"。

这个故事告诉我们，人们肩上的压力感太轻，就可能会让人过于放松，放松了防范风险，并且，它可能会使人长期逃避责任。责任是什么？责任就是扛在肩头的这根沉木条。担当责任才会产生压力，有压力自然会有动力。把责任扛在肩上，才能保持清醒的头脑，保持旺盛的斗志，在成功时不自满，失败时不气馁，努力奋斗直至超越痛苦，到达成功。

在面临失败与痛苦的折磨时，给自己施压不会是"雪上加霜"，而是更有效达到成功的一种有效方式，是"有志者事竟成"的成功典范。有研究发现，适度的压力水平可以使人集中注意力，提高忍耐力，增强身体活力，减少错误的发生。所以，承受压力可以说是机体对外界的一种调节的需要，而调节则往往意味着成长。也就是说，有一定程度的心理压力，可以调动内在潜力、增强自己的实力和自信心，从而获得最终的成功。

幸福悟语

压力并不可怕，可怕的是人们对压力有不恰当的观念与反应。压力是一种潜在的动力，只不过，这种动力的作用力比较微弱，如能持之以恒，它就会慢慢转化成一种惯力，反之，就变成增添自己烦恼的副作用。所以，关键在坚持，而这一切都要靠我

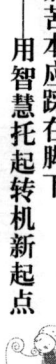

们自己的自觉力和约束力。越怕压力就越会生活在压力的恐惧中,而喜欢压力的人在任何压力面前都会游刃有余。

不要因别人的看法迷失了自己

很多时候,我们痛苦的根源在于自己没有主见,常常被别人的意见牵着走。人不能十全十美,不可能人人都说你好,但是如何对待别人的意见、不满和责难呢?

每当快要期末考试的时候,班主任会叫一些学习好的同学来讲讲自己的学习经验和方法,有些同学听取经验之后就照葫芦画瓢,认为自己也会行,结果是越弄越糟,不仅没学会优良的学习习惯,反而把自己的学习计划打乱了,最终期末成绩也不很理想。因此,很多教师认为学生有主见是他们学习进步的前提。学生有了主见和自主性,就会考虑自身情况,采用有效的方法改进自己的不足,做起事来才有可能获得成绩。

而在我们成长的过程中,经过了岁月的洗礼,往往都会形成自己独特的思维方式。我们有能力鉴别对待别人的意见,如果建议很好,我们就会认真听取。如果是遇到值得商榷的意见,那就需要我们认真思考一下了。

很多时候,我们的心里常常有许多苦闷,但要违反社会的规律和规则是很困难的，所以我们要学习辩证地听取他人的意见。

每个人的时间都很有限，所以请不要活在别人的意见里。不要被教条所束缚，不要被别人的观念所左右。我们自己内心的声音需要我们自己表达出来。最重要的是，勇敢地去追随自己的心灵和直觉，展示自己的真实想法，其他一切都可以看淡。

一位胸怀远大抱负的年轻画家，立志要不断提高自己的水平，画出让所有人都能喜爱和赞叹的作品，为了能够了解到人们对他的画究竟有怎样的态度和看法，他把自己最满意的一幅作品拿到人来人往的菜市场上，并在旁边放上了一支笔，让人们把那些认为不足的地方给指点出来。很快地，就有许多人在那幅画上标出了自己的意见。等到了晚上回家之后，画家才发现在那幅画上所有的地方都已经密密麻麻地被标出了人们认为不足的记号。很显然，在人们看来，这幅画简直就是完全失败的作品。

意外的结果使年轻画家的自信心受到了巨大的打击，情绪低落的他甚至怀疑自己是否还具有一点绘画才能。而他的老师在知道了这个情况后，就告诉他千万不要在意这些批评，并要求他再把一幅相近的作品放到菜市场上，只不过这次是让人们把那些他们认为很好的地方给指点出来。于是，年轻的画家照着老师的要求去做了。可让他无论如何也想不到的是，当自己把放在菜市场上足足有一天时间的作品再拿回家的时候，竟然发现那幅画上所有的地方又都密密麻麻地被标上了人们认为很好的标志。

一刹那，年轻的画家明白了其中的道理，从此，他不再盲从

一、痛苦本应踩在脚下
——用智慧托起转机新起点

17

任何人的赞美或是批评。开始潜心埋头于自己的绘画创作，终于取得了很大的成就。

这个故事提醒我们，我们要信任自己的作品，首先要相信自己，坚持自己的看法。不要一味地活在别人的赞赏或批评里，如此做才更有利于我们的成长与最终的成功。当然，我们也要善于听取他人意见，不能凡事都一意孤行。正确的做法是，我们要对别人的意见进行分析，什么该听，什么不该听。不该听的，我们一定要坚持自己的想法，要忠实自己。坎坷的人生路上会遇到很多问题，我们要相信自己的智慧和能力，比如有时别人说你差劲、说你做的事情糟糕等。但你知道自己是对的，你了解自己，认识自己，别人说的话阻挡不了我坚定的信念与成功的愿望，幸福和成功只是我们自己的一种追求，而它需要我们坚定信念、努力拼搏。所以与其让他人来对自己指手画脚，让自己陷入无尽的挫败和痛苦中，还不如听信自己，并在探索的过程中不断地完善和改进自己。

有这样一句话很有意思："第一个把女人比作鲜花的人是天才，第二个把女人比作鲜花的人是庸才，第三个把女人比作鲜花的人是蠢材"。细细看这句话并不难看懂，就是要告诉我们不要人云亦云，凡事要有主见。

不被他人的意见左右，有独立主见是我们事业成功的保证。请再看一则故事：

一个推销员被派出国推广他们公司的产品，他一次次打长途给董事长汇报情况，以为他的多请示正体现他有组织纪律性，董事长也会对他青睐有加。而董事长只回了一句："将在外君命有所不受。"推销员愣在那里，一下子无所适从。

这个故事又告诉我们，一个没有主见的人，只知道请示，是无法成就什么惊天伟业的。看看我们周围的不少女同事会有同一款式的衣服，大多人都是看到别人的好自己就买。这一种被学者叫做"阿西效应"，换句话说，就是毫无主见的从众行为。专家认为，有主见是培养个性健康发展的根基。

我们提倡有主见，不是说要提倡标新立异，而是要有益于自己的发展。我们坚信自己的方式是最适合局势发展要求的。在一定的时候，特别是关键的时候，自己需要有一个站得住脚的看法；而且要怎么改进和吸收别人的意见呢？这是值得我们思考的。曾经，唐太宗采纳了魏征的意见才显出他的英明，说明人与人之间的互补性是存在的。关键是，面临事关失败和成功的事情，我们要坚持什么态度。

不要忘记，相信自己的判断，这是驱除痛苦取得成功的第一步。为了使得自己能够有足够的行动前进力，我们需要自信，同时要适当听取别人的意见，这是我们保持活力的秘诀之一。

幸福悟语

不要被别人的意见所左右，也不要用自己的意见去左右别人。不要被教条所限，不要活在别人的观念里，不要让别人的意

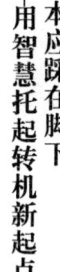

见左右自己内心的声音。摒弃那些折磨人的痛苦，首先是从不违背自己内心的愿望开始，不盲目听从他人的意见就是关键一点。获得内心的自由和解放，最重要的是，要勇敢地去追随自己的心灵和直觉。

注意细节，于无声处塑造自我形象

  我们常说，细节决定成败。同样道理，我们很多的失败也正是根源于细节。困难并不可怕，可怕的是面对困难的态度。因为生活本身就是一面镜子，你对它微笑，它也会对你展开笑颜；你对它不在意细节，它也会对你拉下脸来。所以，注意细节是挑战失败的利器，细节让我们在无声处塑造了美好的形象。

  在工作中，我们每个人身上或多或少会存在着一些小污点，有的人总是不以为意，而有的人则能够提高警觉立刻改正。

  如果给领导留下了不好的印象，今后的工作生活可能会让自己阴霾重重、心绪难宁。一个销售员第一次面对你的客户，如果衣着邋遢、谈吐不当，那么幸运之神的订单也不会轻易降落于他。不管做什么事情，不管面对什么样的人物，初次印象的好坏直接影响对你的评价。渴望成功的人，都是在乎细节的人，他们会精心设计好自己的形象，修整好自己的言行，以最佳的状态和形态出现于不经意的那一次会面。印象好，垂青你的机遇就更多。

不注意细节等于为失败埋下了隐患。比如第一印象的细节，往往初次见面的一瞬间就足以决定胜败。如果你留给别人的第一印象是聪明、真诚、稳重的，即便是第二次见面时发生较激烈的争执，对方不自觉地会把上次印象融合在一起而判断你是个工作很投入的人。相反，留给别人第一印象的是穿着随便、毫无气质、工作态度散漫的，再次见面即使是促膝交谈，对方也可能会以为你是固执己见、没有前途。

困难和失败虽然让我们前行受阻，可是一旦克服了这些困难，会让我们的成长速度提高数倍；如果你面对困难，只会哭泣而忘记了修整微小的细节零件，那么你的成长就会面临停滞。观察那些取得大成就的人，都是重视细节，在重重困难中走过来的人。

位于泰国曼谷的东方饭店是举世公认的世界最佳酒店。它曾经连续10年被纽约《机构投资者》杂志评为"世界最佳酒店""最佳商务酒店""最佳个人旅馆"等。此饭店几乎天天客满，要想有入住机会需要提前一个月预订才行。泰国在亚洲算不上特别发达，但为什么会有如此诱人的宾馆呢？他们靠的是追求完美细节的精神。

举个重视细节的例子：客人入住登记后，侍者端着一杯果汁

一、痛苦本应踩在脚下——用智慧托起转机新起点

21

到房间给你解渴；等你出现在餐厅用餐时，全饭店的服务生都会知道你的姓名，并能脱口而出和你打招呼；如果你是回头客，餐厅电脑会记录你上次用餐的餐桌位置和你的菜单，以便给你提供熟悉的服务；如果你对点的菜有任何异议，服务生会后退一步和你说话，为的是不使口水溅到你的菜里；结账离开时，服务生会说："谢谢您，欢迎您再次光临。"他还会提醒你："机场税500泰铢是否要先准备呢？"还有，怕一些朋友找不到你，有一张"追踪卡"，可以告知你在旅馆的行踪，你只要交给总台就万事大吉了。

据统计，世界各国的20多万人曾经住过那里，用他们的话说，只要每天有十分之一的老顾客光顾就会永远客满。这样的细节故事就是东方饭店的成功秘诀。

在当今社会中，不管是经营者还是普通人，都不能忽视细节，用周到的服务赢得顾客的回头消费，它可能影响和改变这个人和企业的形象，决定他们的成败。

很多人认为消除痛苦、赢得快乐必须建立在巨额的财产基础之上，而他们往往在追逐物质的道路上疲于奔命，幸福感被消磨殆尽。而重视每个细节，会让我们提升自我的生活品质。比如撇开那些烦恼和痛苦，傍晚时候和家人一起漫步，餐桌上的互相夹菜，患难中朋友的慷慨相助，一个阳光明媚的艳阳天……平凡的生活里蕴涵着千金难买的幸福，只要我们善于观察，善于发现那些幸福的细节，珍惜每一个平淡日子里的感动与温馨，快乐就会环绕你的周围。重视你的细节吧，它让我们战胜了痛苦，迎来了美好的生活。

幸福悟语

消除痛苦最好的方法是战胜痛苦，重视细节就是有力的武器。让我们从细节做起，塑造好自身美好的形象，让内心保持昂扬的斗志。那些从痛苦中走出来的人，是先从细节做起，战胜了痛苦和失败的人，他们微笑着走过阳光，也走过风雨，终于迎来了人生的辉煌，相信我们也能做到！

与人合作，你将拥有更多的机会

面对困难我们要保持微笑，这时微笑不仅仅代表了不怕困难的积极心态，也是对自己的一种鼓励和支持。重要的是，我们积极地与他人合作，为我们战胜痛苦、扭转局势创造更多的机会。

我们生活的世界是由不同类型的人组成的，就好比彩虹是由七种颜色组成的一样。每个人只有学会与不同的人相处，才能适应这个真实的社会。"高傲"和"孤芳自赏"的人常常会产生

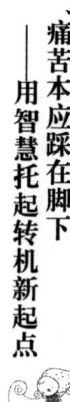

"佳音难觅""怀才不遇"的痛苦。观察那些成功人士就可以发现，掌握竞争优势的人首先是一个善于和他人合作的人，完全靠单枪匹马稳操胜券的人是很少的。现如今的社会处在一个专业分工精细而又合作共处的时代。大多数人失败的原因，也是由于没有积极地与他人合作。因而我们需要培养与他人合作的才能，为拓展自己的人生舞台打下坚实的根基。

然而，现在的很多人都习惯了以自我为中心，常常顾及不到别人的感受。结果最终让自己陷入失败，失去了很多有利的时机。请看这样一则故事：

有两个饥饿的人得到了一位善良长者的恩赐：一根鱼竿和一篓鲜活硕大的鱼。其中，一个人要了一篓鱼，另一个人要了一根鱼竿，于是他们就分道扬镳了。得到鱼的人原地就用干柴搭起了篝火烧起了鱼，他狼吞虎咽，转眼间，一篓鱼就被他吃了个精光，不久，他便饿死了。另一个人则提着鱼竿继续忍饥挨饿，他向前走着，当他马上就要接近大海的时候，他浑身的最后一点儿力气也使完了，最后他也只能遗憾地撒手人世。

同样饥饿的另外两个人，他们也得到了长者恩赐的一根鱼竿和一篓鱼。只是他们并没有各奔东西，而是商定共同去寻找大海，他们俩每次只烧一条鱼，经过遥远的跋涉，来到了海边，从此，两个人开始了捕鱼为生的日子。几年后，他们彻底摆脱了痛苦，各自都过上了幸福安康的生活。

这个故事让我们深刻地领悟到：一个人的力量是有限的，

只有与人合作才能获得成功。凡事要多从全局着想，多为别人着想，才可能让自己从中获益。饥饿也许会让很多人来不及多想以后的情势和发展情况，先吃饱一顿再说。但饥饿是长久的，只有谋划好未来的道路，携手战胜眼前的困难，幸福才会来得恒久。

在生活与工作中，我们更离不开合作。我们要与同事合作，要与老板和供应商合作。比如一个编辑要做一本书，他把选题策划好了是不是就完事了呢？当然不是。他需要找作者，跟作者合作。书写完了，他又要找排版人员，与他们合作，尽量使他的书在版式上美观大方。他还要找平面设计人员，为他的书设计一个新颖独特的封面以吸引读者。这一切弄好之后，他还要和印刷厂的人合作，把他的书印刷得精美一些。书印刷好了，他还要和发行人员合作，希望他们把渠道扩宽一些……总之，他时时刻刻都要和别人合作，而不是只做好他自己的事情就够了。

有句俗语说得好："一根筷子轻轻被折断，十双筷子牢牢抱成团；一个巴掌拍不响，万人鼓掌声震天。"这就是说，善于协作能够克服个人力量不足的缺点，可以壮大集体的力量，从而使每个人都从中获得收益。因此，加强团结合作是一个人成功的基石，也是一个集体成功的根基。请再看一则故事：

王先生是某电子公司高薪聘用的一位信息管理员，一年过去了，王先生在工作中表现突出，技术能力得到了大家的认可，每次均能够按计划、保证质量地完成项目任务。别人解决不了的问题，对他来说是小菜一碟。公司对王先生的专业能力非常赞赏，有意提升他为项目主管。然而，在考察中公司发现，王先生除了完成自己的项目任务外，从不关心其他事情，而且对自己的技术保密，很少为别人答疑，对分配的任务有时也是挑三拣四，若临时额外追加工作，便表露出非常不乐意的态度。另外，他从来都是以各种借口拒不参加公司举办的各种集体活动。如此不具备团队精神，不懂得合作的员工，显然不适宜当主管。于是，王先生失去了一次升迁的机会。

从故事里我们可以看出，"单打独斗""心高气傲"的王先生自我感觉良好的优势并没有发挥出来，而陷入了缺乏人际合作的痛苦之中，直接导致了他的升职失败。合作是人与人之间很重要的一种相处方式。我们每天都要做许许多多的事，但是一个人的能力是有限的，这就需要我们放下面子，主动地去寻求帮助，提高自身的效率，往往会达到事半功倍的效果。

失败并不可怕，可怕的是你失败了还要故步自封。所以说，战胜痛苦，合作是优良的捷径，只有懂得合作的人，才是真正成功的人。有一句俗话说得好，不合作不成功，小合作小成功，大合作大成功。"人"字写法给我们的启示，就是相互支撑的一生，与别人合作，既帮助了别人，又帮助了自己，我们何乐而不为呢？

幸福悟语

与人合作并不困难，困难的是我们先要从失败的阴影中走出来，听听外面的声音，看看外面的风景。自己做不到的事情，并非愿望就要落空了，我们要充分认识"他人的力量"，借助他人的力量和优势，去达到自己成功的彼岸。相信，他人也会真诚地协助你的。

从事感兴趣的职业， 才能找到真正的幸福

感兴趣的工作会成为你幸福源泉的一部分吗？你每天都是以怎样的心情迎接自己每一天的工作呢？如果你一想到工作就会皱起眉头，说明你对自己现在的处境很不满意。也许在你心目中工作的存在只是为了谋生，也许你只是为了打发自己的时间，不让自己闲下来胡思乱想。但有一点是不争的事实，你并不快乐。人生怎能在这样的不快中继续？你绝对不能就这样一直下去，所以从现在开始，你需要寻找一份属于自己的"完美工作"。

假如你在早上起来就开始抱怨太阳为什么这么早升起来，为什么要让自己去面对那自己并不感兴趣的工作；如果你每天上班的时候都会有一种度日如年的感觉，希望这一天能够快些结束；

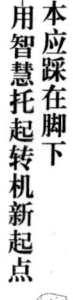

一、痛苦本应踩在脚下——用智慧托起转机新起点

如果你在下班后就开始忧虑，担心明天还要继续这样的艰辛旅程。那么就说明，这份工作让你的生活并不快乐。这时候如果一直这样下去，不但你的心情会受到影响，就连自己的未来也会因此而失去希望。

美国惠普公司总裁卡尔顿·菲奥里纳说过："热爱你所做的工作，成功是需要一点热情的。"由于这份工作并不适合你，所以你做起来就没有激情，因此也很难做出什么业绩，时间一长，你会慢慢变得没有任何特点，你的特长也会因此被无形地扼杀，你的幸福感也会被逐渐消磨。打造幸福生活，首先就要找对适合自己的行业，让自己拥有更广阔的发展空间，让自己的能力得到更大的锻炼和发挥，才可以提高自己的品质。所以，不要再在自己不喜欢的工作上浪费青春了，你现在要做的就是寻找一份属于自己的"完美工作"。

从事自己喜欢的职业，就很难将其称之为一种"工作"。约翰·莱斯便是一位从事着自己喜欢的工作的人。他是一名登山向导，每天面临生死考验，所承受的压力超乎常人的想象。大学毕业后，莱斯曾考虑继续深造，攻读法律，但喜马拉雅山希夏邦马峰的探险之旅最终改变了他的职业发展方向。

凭借着浓厚的兴趣，这位登山向导曾带领登山队征服德纳里峰和珠穆朗玛峰，还曾追随探险家欧内斯特·沙克尔顿的足迹，靠着雪橇穿过南乔治亚岛。在出发前，莱斯会认认真真制订计划，途中还向登山者提供医疗护理服务。他建议新手从易到难，一天选择一个适当的目标，逐渐增强自己的能力。"光有兴趣不行，还需要切实可行的计划。但如果目标定得太高，最后只能品尝失败苦果。那些站在顶点的人往往就是能力最出众的人，同时也是最坚韧不拔的人。"

准确地说，登山向导这个职业名称并不完全准确，毕竟除了登山外，各种的探险都会有向导，而且登山向导也的确从事着登山以外的向导工作，比如极地或沙漠探险向导等。尽管每一次征程都充满了变数和危险，但莱斯却不以为意，他认为他的工作可以带给他无尽的幸福！

我们常听人说，为爱好而工作很容易致富。其实，带给他们财富的同时，感兴趣的职业还可以带给人们很大的幸福感。

在我们的生活中，那些孜孜不倦地为兴趣而努力奋斗的人，往往可以达成愿望，及时抵达成功的彼岸，热爱改变了他的生活。目的伟大，活动才可以说是伟大的。热爱你所做的事，是一种人生的追求目标，是一种人的欲望的载体，是一种对期待中的事物的证明，当然也是成功的一个重要前提。兴趣往往和事业成功紧密联系在一起，而事业的成功则能在财富上得到相应的报偿。很多成功的事例说明人生在世，为兴趣而工作是多么重要！

在人才招聘会上，很多公司会开出以下招聘条件。"不强求经验，但要有兴趣、激情、冲劲；不强求聪明，但要勤奋、勤快、勤劳；不强求伶牙俐齿，但要热情、随和、有微笑"。

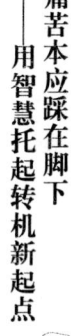

有时候失败是用来玩的

这几年，在人才招聘上出现了这样一个新现象，很多用人单位降低了对"工作经验"的限制，转而要求应聘者对工作岗位有"兴趣"，甚至要"热爱"本行业。招聘者这样解释：兴趣和热情可以弥补经验，企业最看重的是应聘者的忠诚度，他们希望找到能够持续稳定、并创造性开展工作的员工。越来越多的单位将考察求职者对工作岗位的爱好和兴趣作为重点。"只要对本职工作有兴趣、有热情，经验可以慢慢积累。"

一位资深的人力资源部经理说："以往我们虽然招了不少求职者，可是没过两年，近八成都走了。其中有半数对自己选择的工作并不熟悉，也缺乏热情，所以遇到困难就容易打退堂鼓。所以，我们宁愿选择没有经验，但对本岗位有兴趣有热情的人。"

许多应届毕业生有这样的困惑，先就业还是先择业呢？"现在工作这么难找，还有什么挑头呢。"据调查，约五成大学毕业生属跨专业求职。目前很多的大学毕业生迫于就业压力，找工作时往往只看工作能不能做，用人单位会不会接受，却很少有人冷静地问问自己：我到底对什么感兴趣？喜欢做什么？尽管很多毕业生放弃了按个人兴趣择业，而选择先就业，但很多人在工作后很快发现自己不适合这个岗位，于是纷纷离开。真正完善职业规划的毕业生不到两成，这直接导致员工跳槽率始终居高不下，这对他们的职业发展很不利。

于是，就有专家指出，职场人士要让兴趣指导就业。过去是"干一行爱一行"，如今已经变成"爱一行干一行"。面对职业理念的巨大变化，专家建议求职者抛开对"休闲兴趣"的依赖，让

"职业兴趣"成为寻找理想工作的指南针。求职者也应以职业兴趣作为立足点,通过职业规划来按照自己的意愿选择行业和岗位。

职场中没有"十全十美的工作",绝对完美的工作也不是我们的生活标准,它是一种幸福的心理状态。从事感兴趣的工作,我们尽可能将自己最擅长的才智发挥出来,应用到我们孜孜追求的事业上,正适合你的个性和价值观念的工作环境为你未来追求工作的幸福提供了保障。职场人士何尝不是在努力寻找、发明或创造这类工作,尽管探寻它的道路很艰辛。

从事感兴趣的工作的人们,他们的才华、激情和价值取向是一致的,而且他们时常有一种强烈的个人成就感。他们抱着一种信念,即永远追寻他们在生活中的目标。他们对于时间和金钱这两项自己最宝贵的财富,有着明确地把握。面对生活和工作中碰到的困难,他们只当做这是生活原本的特色,不碍于个人的幸福。

我们存在的理由之一就是寻求幸福的意义,正是这一精神内核帮助我们在所有日复一日的生活经历中发现盎然的生机。想要事业成功绝对不能没有目标,人生的目标帮助你选择自己的人生该走向何方。我们的目标是你的一种发现,人们往往要经历一番危机才能找到自己的目标,指引我们寻找目标的是兴趣。

生活的变化与发展不会完全像我们最初计划的那样,我们认同这个观念越早,我们的人生目标就会越早实现。你的生活目标更加明确的时候,你也就更加容易地规划时间和找出真正的生活

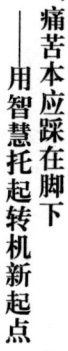

优先顺序。从事你感兴趣的职业，坚持你对事业目标的追求也许并不容易。事实上，你越是看重自己的责任和义务，似乎越难保持对生活目标的追求。那么，该怎么办呢？那就从小处做起，每天只处理一项与人生目标有关的优先任务，时间长了，改变就会轻而易举，幸福也就回归了。

幸福悟语

寻找"完美工作"的过程就是一个学习的过程，在这个过程里，我们学到了很多更实用的知识，更清晰地意识到了自己的人生价值。在这条人生的道路上，我们必须要明确自己的方向，知道自己想要什么，而且很清楚自己怎样做才能得到它，只有这样你才能给自己更安定的感觉，才能在不远的将来实现自己人生的追求，找寻到我们所要的幸福。

天道酬勤，失败也怕勤奋的开拓者

细小的石子很不显眼，却能铺出千里道路，平凡的努力虽不惊人，却能让人攀登万仞高峰。很多人失败的原因，在于不够勤奋。殊不知，勤奋是成功之本。勤奋也意味着不怕苦，不畏难，还须持之以恒。失败的人往往"三天打鱼，两天晒网"，而一曝十寒的做法是一时头脑发热，不能算是勤奋者，真正的勤奋是摒弃痛苦，并耐得住寂寞，在寂寞中苦苦钻研。

当今社会里，一些人因想法不太现实而导致失败，陷入深深的痛苦里。他们有着一步登天的奇思妙想，有的人自我期望值太高，刚参加工作就想立即被重用，并期望获取丰厚的报酬。还有一些人总是以冷酷、严峻的眼光看待社会，他们认为，我只要干活，你就得给我工资，同等交换。以至于他们工作没有热情，能躲则躲，以此来报复自认为在工资待遇方面遭遇的不公。结果，事与愿违，他们陷入了痛苦的恶性循环中。

假使一个人很有天分，但他不勤奋努力，最终也会蜕变为碌碌无为的人。在人生的竞赛中，有欢笑也有泪水，有成功也有失败，但我们关注的不应该是领奖台上站着的是谁，而是在起跑线上，我们投入的努力有多少。竞技的背后是辛酸的，它就好像一场暴风雨，猛烈过后却是一架绚丽的彩虹桥。成功是勤奋的付出，爱迪生曾说过，"天才是99%的勤奋加1%的天赋"。

好逸恶劳的人，多数对工作缺乏深刻的认识，其实在很多时候，我们工作的待遇与我们的付出是成正比的。付出的多，自然得到的就会多；付出的少，得到的也就会少。对待工作懒散随意，是不可能在任何领域取得成功的。没有勤奋努力就没有成功，不经历风雨怎见彩虹，只有体验了艰难困苦，才能获得幸福，赢得鲜花和赞扬。我们不必为失败而痛苦，失败只是一种转折，只要我们足够努力和上进，成功就会恒久。

请看下面一则陈平忍辱苦读书的故事：

西汉名相陈平，从小就家境贫困，与哥哥相依为命，为了秉承父命，光耀门庭，陈平不事生产，闭门读书，却为大嫂所不容。为了消弭兄嫂的矛盾，面对一再羞辱，他隐忍不发，随着大嫂的变本加厉，终于忍无可忍，出走离家，欲浪迹天涯。被哥哥追回后，又不计前嫌，阻兄休嫂，在当地传为美谈。终有一老者，慕名前来，免费收徒授课，学成后，辅佐刘邦，成就了一番霸业。

从故事里我们看出，陈平忍受着贫寒和大嫂欺压的痛苦，将这种痛苦隐忍不发，刻苦读书，终于成就了一番事业。痛苦面前，我们不能自怨自艾，而是要奋发努力，才有出头之日。请看下面这则故事：

万斯同是清朝初期的著名学者、史学家，他参与编撰了《明史》。但万斯同小的时候也是一个顽皮的孩子。万斯同由于贪玩，在宾客们面前丢了面子，从而遭到了宾客们的批评。万斯同恼怒之下，掀翻了宾客们的桌子，被父亲关到了书屋里。万斯同从生气、厌恶读书，到闭门思过，并从《茶经》中受到启发，开始用心读书。转眼一年多过去了，万斯同在书屋中读了很多书，父亲原谅了儿子，而万斯同也明白了父亲的良苦用心。万斯同经过长期的勤学苦读，终于成为一位通晓历史、遍览群书的著名学者，并参与了二十四史之《明史》的编修工作，给后人留下了宝贵的财富。

这则故事里，万斯同从被宾客批评和被父亲关在书屋的痛苦中寻得了读书的机会，偶然的读书让他兴趣倍增，于是人生出现了转折。随后，他勤奋苦读，最终从平庸转变为博古通今的史学家。

综观那些取得成功的人，他们身上都存在某些过人之处，尤其是勤奋。那些整日懒懒散散、碌碌无为的人是不可能取得成功的。其实很多情况下，生活还是很公正的，只要你不吝惜汗水，为社会创造价值，你就一定会拥有你所得的报酬。

痛苦是暂时的，需要勤奋地挖掘自身的潜力方可达到。所以，我们要充分发挥自己的潜力，让自己的能力得到最大程度地发挥，以更为积极的态度对待工作，结果得到的将超过我们所能拿到手的那些工资。失败只喜欢那些逃避和懒惰的人，只要付出你的心血和汗水，才会让我们的劳动不断增值。让我们勤奋起来，为真正实现自己的人生价值而努力工作吧！

总之，要想让自己的人生有所转机，你须有勤奋学习的势头，不光是埋头苦干，还必须要"睁开眼睛看世界"。具体做起来，首先认识明白自己单位的组织结构，看清自己未来的发展方向和在组织内部有没有空间；再者是加强对内、对外的沟通。只要去做，痛苦就会减轻，成功的概率就会加大。给自己一个平台，你会有意想不到的收获！

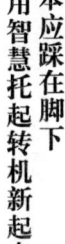

幸福悟语

　　获得成功、走向辉煌，并不是轻而易举的事。一个人要获得成功，多数是先从失败中走出来，必须勤奋努力地对待人和事。每一个人只要在学习和工作上刻苦勤奋，锲而不舍，就一定能成为有用的人才。功夫不负有心人，你不可以只做到"差不多成功"，而是要竭尽全力，彻底将你的"失败"打倒。

二、摆脱内心失败的阴霾
——寻觅我们的成功在哪里

有的人认为失败很遥远又很陌生，其实离我们最近、最熟悉不过的就是我们经常经历的失败了。人们都习惯崇敬事业上有成就、取得了成功的人，却很少理会那些为事业付出过艰辛的劳动、辛勤的汗水，甚至于宝贵的生命的失败者。当然，成功者是可敬的，然而很多人却说："我们崇拜那些没有捧到鲜花的英雄。"

所以，勇敢地驱散失败的阴霾吧！没有真正的失败，只不过是你尝试了一种不成功的方法而已，换种思路再试试，就会寻觅到真正的成功之路。

可以失败，但不可以失落

没有痛苦和失败的人生是不完整的人生！人们常说，人生难免有悲欢离合，人世间不如意的事情十有八九！"金无足赤，人无完人"，当我们遭遇失败、心灵承受痛苦的时候，千万不要长久地陷入失落的泥潭里，我们需要做的，就是摆正位置、调整心态，这才是真正摆脱烦恼的关键，才能重新找回生活的精彩！

我们来到这个世上，失败与我们好像如影随形。没有哪个人是顺风顺水，没有经历过失败和痛苦的，所以，你不必为遭遇失败而心情沉重，更不要因此而怀疑自己，让失落这把枷锁紧紧地将自己锁住。你所缺少的，正是没有正视失败。

我们要知道，失败其实是一把尺子，让我们检测和发现自身的弱点和不足，当我们把造成失败的沟壑填平后，成功便会奇迹般地来到我们身边。失败是一剂苦口的良药，尽管会带给我们一些痛苦，但可以让我们从幼稚变成熟，从轻浮变厚实，从急躁变冷静，从狂热变清醒。所以说，从失败中汲取的教训将使我们受益终生，失败是通向成功的阶梯。多经历一次失败，会帮我们缩短一点通向成功和幸福的距离。

面对失败，世界上有三种类型的人，当遇到挫折和失败时，第一种人选择逃避，自暴自弃；第二种人选择正常地解决事情，平常心来做；第三种人会用最坚强的毅力，来完成残局，用最有气度的心态勇敢地面对，越挫越勇。

无论如何，失败的定局已成，我们是不能用失落来雪上加霜的。古今中外，不乏从失败中挣扎出来，再去拼一把获得成功的人，请看下面这个例子。

莎莉·拉菲尔是一位美国著名电台广播员，人们或许不敢想象，在她30年职业生涯中，她曾经被辞退18次，可是拉菲尔每次都能从失落的阴影里走出来，放眼最高处而确立更远大的目标。最初由于美国大部分的无线电台认为女性不能吸引观众，没有一家电台愿意雇用她。她好不容易在纽约的一家电台谋求到一份差事，不久又遭辞退，说她跟不上时代。莎莉并没有因此而灰心丧气。她总结了失败的教训之后，又向国家广播公司电台推销她的清谈节目构想。电台勉强答应了，但提出要她先在政治台主持节目。"我对政治所知不多，恐怕很难成功。"她也一度犹豫，但坚定的信心促使她大胆去尝试。她对广播早已轻车熟路了，于是她利用自己的长处和平易近人的作风，大谈即将到来的7月4日国庆节对她自己有何种意义，还请观众打电话来畅谈他们的感受。听众立刻对这个节目产生兴趣，她也因此而一举成名。如今，莎莉·拉菲尔已经成为自办电视节目的主持人，曾多次获得重要的主持人奖项。莎莉·拉菲尔说："我被人辞退18次，本来会被这些厄运吓退，做不成我想做的事情。结果相反，我从失落中挣脱出来，我让它们鞭策我勇往直前。"

这个故事告诉我们，失落会让情况变得更糟，与其情绪不佳，不如像莎莉·拉菲尔一样振作精神再去拼一把，或许机会就在不远处向我们招手，而我们不同的选择会造就不同的结果和人生。大千世界，顺风顺水对于我们来说是不现实的，怎么样去生活完全取决于我们的态度。

工作失落，情感受挫，那些令人痛心的事让我们纠结不已，如何走出心情焦躁？其实我们不用刻意去想那些已经结束的事情，不要对生活怀有抱怨的态度，把这些当作对自己的考验，不要只看到结果带来的痛苦，应该想想从中体会到什么，学到了什么，要学着从失败中走向成功，想着不经历失败就不会有成功的经验！有些事情不要只看它片面的一面，用自己最好的心情来对待生活，遇到事情不要觉得社会对自己不公平，更多的应该是找到自己的缺点，然后慢慢去改进，成功永远在失败后等着我们去检阅！

摆脱失落，你可以采取一些方法试着调节自己，比如做自己喜欢做的事情，做自己擅长的事情，为自己找回成功的喜悦，找回失去的信心，并找到前进的动力和方向。心累了，就停下来歇一歇，让心灵去旅行。可以参加户外活动，去爬山，去运动，感受壮丽风光，拥抱自然，融入自然，接纳一个全新的自己。

我们须时刻想着，一次失败不代表着永远失败，明天是美好的，我们不必陷于失落中顾影自怜，要相信自己不会就这样被打败，成功的机会是自己创造的，整装再出发，成功终会重新回来的。催眠和浇愁只能短暂地解决一时的烦恼，无法根除，但失败的现实依然摆在那里等待我们去面对。心情失落的时候会异常烦躁，看什么东西都是不顺眼的，有时朋友的好意问候都能引起你的冷嘲热讽，出现类似情况，你需要警觉一下自己了。

我们可以从心态上做调整。首先，敞开你的心扉。人生有很多美好的东西值得你去把握、拥有。何必沉浸在无尽的愁绪之中？只要你回头，就会接收到一片灿烂阳光，生活在等待你回头，它在默默等待，只要你转过身来；其次，不要戴有色的眼镜去观看你身边的一切，你要参与进去，你也是生活的一员。有时候你处在失落期，你很消极地看待身边的事情，有点烦躁，甚至有些"骄傲"，你觉得有些人做的事情很莫名其妙，很没有意义。看着他们你有点心烦，事情并未按你期望的发展，你心生失落感，你有时会怨天尤人，认为老天怎么如此不公？有时你也会烦躁起来，怒骂这个世界。

既然感受失败后的失落是无益和徒劳的，你既然试图解脱，那么，就坦然面对失败，接受失败，从哪里跌倒再试着从哪里爬起来。摆脱失落很简单，你一定会成功。加油！

二、摆脱内心失败的阴霾
——寻觅我们的成功在哪里

幸福悟语

失败不可怕，但失落会让人意志消沉、丧失斗志，我们期待你重新振作，并在生活的激流里，扬起青春进取的风帆；希望每一位朋友在现实的挑战中，重新亮出年轻奋斗的旗帜。"失败了再爬起来"，失败的人不会永远是失败者，前进的路上，更需要的是自我鼓励的品质和勇气。

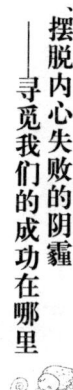

坦然接受失败是成熟的表现

在这个世界上,我们每个人不可能都是一帆风顺的,既然失败不可避免,那我们何不将它当做是一次人生的历练呢?没有人能随随便便成功,失败孕育成功,这样想将有助于我们心态平衡。内心坦然地接受失败,重头再来,你将更加成熟和稳重。痛苦是外界附加给我们的有害毒素,内心的坦然会化解毒害。

失败是大家都不喜欢的事情,一个人如果遭受了失败,受到了痛苦的打击,很可能会整天躲藏在角落里,沉默寡言,忧心忡忡,什么都不能做。在那一段被称作灰暗的时间里,他会感觉自己就像个失败的拳击手,被对手那重重的一拳击倒在地上,头晕目眩,嘴角滴血,耳朵里都是观众的嘲笑,内心都充斥着失败的感觉。

失败有那么可怕吗?其实是大家都将失败看得太重,将成功的期望值树立得太高。那些害怕失败的人往往这样认为,失败给人一种负担,让人痛苦和揪心,让人产生极大的压力。而勇于迎接失败的人则认为,失败是一块试金石,先有失败然后才有成功,是人生以及人生成长中不可缺少的元素,它会使我们的生活更加精彩。这样的人的内心很阳光,跌倒了还会站起来。他们认为，不能经受失败的人，就别期望有什么大作为。

能否从失败的废墟中站起来，取决于我们内心的成熟。坦然接受失败，会让你的行动变得轻松，在没有压力的状态下获得成功的概率更大。满心忧愁的人，很难想象他会迈开轻盈的脚步去追逐成功。所以说，坦然接受失败，是一个人成熟的表现。

如果一个人想干出一番事业，一定要具有坦然面对挫折和失败的积极态度，千万不可一遭失败就痛苦不堪当了逃兵；否则，他永远都与成功无缘。容忍并接纳失败是我们可以学习并加以运用的积极的法则。快乐的人更容易成功，成功者之所以成功，只是因为它们不被挫折和失败左右而已。

我们常说失败乃成功之母，一个人不受挫折是不可能的，关键是受了挫折不能气馁，要吸取教训，勇敢面对，不要羞于见人，更不能一蹶不振，在哪里跌倒就在哪里爬起来，这才是正确的面对方法。成功，是我们每个人的目标。但是事实上，没有永远的成功。那么，既然失败是人们无法避免的，那为什么有人能够把失败转化为成功，有人却会被失败打倒呢？

有这样一个真实的故事，它发生在日本某公司的一次招聘活动中。有一个平素成绩优异，从没有失败过的大学生，因为没有被录取而自杀。三天后，当企业负责人查询电脑资料时，意外地发现，那个自杀的应聘者成绩是很好的，只不过由于电脑的失误，才导致他落榜。

可以这样猜测，像这样经不起失败、经不起考验的人，就算

二、摆脱内心失败的阴霾——寻觅我们的成功在哪里

成绩再怎么优秀也不会成为一名优秀的业务骨干。

泰戈尔曾说:"生命是永恒不断地创造,因为在它内部蕴涵着过剩的精力,它不断流溢,越出时间和空间的界限,它不停地追求,以形形色色的自我表现的形式表现出来。"人一旦拥有了坚忍和顽强之心,一切困难都会被踩在脚下,人生会焕发出无穷的向上力量去追求成功。

失败固然令我们很沮丧,但如果一个人把眼光拘泥于挫折的痛感之上,他就很难再抽出身来想一想自己下一步如何努力,那么他怎么会成功呢?一个拳击运动员说得好:"当你的左眼被打伤时,右眼必须睁得大大的,才能够看清对手,也才能够有机会还手。如果右眼同时闭上,那么不但右眼要挨拳,恐怕连命也要搭上了!"拳击如同我们的生活,即使面对对手无比强劲的攻击,你还是得睁大眼睛面对受伤的感觉,如果不这样的话一定会失败得更惨。其实人生又何尝不是这样呢?就让我们坦然地接受失败吧!

幸福悟语

遭遇痛苦与失败,是我们不可避免的。然而,有的人因痛苦而越挫越强,甚至成就了事业;而有的人在痛苦面前,消沉委靡,败在了事实上微不足道的小事上,令人扼腕叹息。将痛苦踩在脚下,需要你超然的态度去看待,发扬我们的优势,改进我们的缺点,你将越来越强大,越来越幸福。

放下吧，负累越多越伤心

我们常被琐事烦身，被困在了纠结之中，于是我们离成功和幸福就越来越远。我们用每天不得不做的事情的多少来区分"忙"与"不忙"，这令我们极其痛苦。但其实，这只是从外表看的忙碌。如果从本质来看，与其说忙碌是一种状态，更不如说它是一种心态，一种由烦躁、忧虑、沮丧、郁闷紧紧交织的心情。负累太多，让我们失去了自由轻松的生活，失去了探知幸福的源泉，而一旦放下，痛苦和失意的感觉就会无影无踪。

一位古希腊哲学家曾经说过："不要奢求你没有的东西，而不知享受已有的东西，须知你现有的东西一度也曾是你向往的东西。"

痛苦的感觉不是生来就有的。当我们赤条条地一无所有来到这个世界，是上天给予了我们生命、健康、亲人、思想、财物等东西，上天待我们何其厚？让我们拥有了许多，占据了许多。可是，我们为之满足了吗？我们缘何感到那么多的痛苦呢？我们总是不停地祈求上天给予我们的更多更多，总在希望我们手中的东西越多越好。有了健康我们还要聪明，有了聪明我们还要美丽，有了美丽我们还要财富，有了财富我们还要地位……我们总是奢求太多、负累太重，总以为得到的不够，拥有的不多，总以为上天对我们不够好，给予我们的比别人少。现代人经常看不到已有的东西，不知享受已有的东西。还会常常忘记，现有的东西一度也曾是自己一直追求向往的东西，追求的东西往往成为了一种负累，就会让自己陷入一种极其痛苦的境地。

西华莱德是英国知名作家兼战地记者，第二次世界大战期间，他从一架受损的运输机上跳伞逃生，落在缅印边境的一片丛林中。当地人告诉他，这儿距印度最近的市镇也有140英里。对于习惯于以车代步的西华莱德来说，这几乎是段可望而不可即的路程。为了活命，西华莱德拖着落地时扭伤的双脚一瘸一拐地走下去。不过战前研究过心理学的西华莱德知道如何才能让自己轻装上阵，他努力地控制自己不去想那个让人备感沉重的数字。奇迹发生了，西华莱德回到了印度。这段插曲公之于世后，在他的家乡肯德郡引起不小的轰动，许多年轻人把"走完下一英里"作为自己的座右铭，而这恰恰是西华莱德在途中的唯一念头。战争结束后，西华莱德接了一个每天写一个广告的差事，出于信任，广告商并没跟他签订合同，也没明确一共要写多少个广告。心无旁骛的西华莱德就这样不停地写下去，结果连续写完了2000个广告。他在事后很有感慨地说："如果当时签的是一张写2000个广告的合同，我一定会被这个数目吓倒，甚至把它推掉。"

这个故事里，西华莱德没有被任务而吓倒，而是巧妙地化解任务，轻装上阵，结果自己的潜力被充分地挖掘了出来，不但超额完成了任务，还让他的事业蒸蒸日上。所以说，我们的心灵就像一个知心的朋友，经常和它保持沟通，它会给你有如知心朋友般的温暖和呵护。

负重的旅人，不卸重就不会走得更远。心灵蒙尘，会变得灰色和迷茫；人被载重，会变得疲惫和压抑。我们每天都要经历很多事情，开心的，不开心的，都在心里安家落户。心里的事情一多，就会变得杂乱无序，然后心也跟着乱起来。痛苦的情绪和不愉快的记忆，如果充斥在心里，就会使人委靡不振。所以，扫地除尘，放下重负，能够使黯然的心变得亮堂；把事情理清楚，才能告别烦乱；把一些无谓的痛苦扔掉，幸福的空间将会更多更大。

负累会成为我们寻求事业成功和生活幸福的绊脚石，时下，很多人拥有太多，但并不快乐，就是因为他们负累太多。比如有的人名利缠身，但依然痛苦缠身，快乐在哪里？快乐又何处去寻找？悲剧的是，我们就是这样常常追逐着快乐，忍受着内心的痛苦，却总放不下自己心中的负累。其实，快乐和幸福是很简单的。如果你能以有一个健康的身体而快乐，有一份稳定的工作而知足，有一个和谐的家庭而幸福，生活就会变得非常美好。快乐是一种心情，一种心态顿悟后的豁然开朗，一种负累顿释之后的轻松如意，一种云开雾散后的阳光灿烂，它是一种人生练达的哲理与智慧。幸福就潜藏在我们每一个人平平凡凡的生活故事里，但需要我们摒弃痛苦，用心去发现。

英国一个小镇有一个大富翁，但他过得很痛苦，即使他是全

二、摆脱内心失败的阴霾
——寻觅我们的成功在哪里

镇最富有的人，但他还是睡不好吃不好。他担心这个又担心那个，怕他的金银财宝被偷被抢，所以他一天24小时都背者所有的财物，他很不快乐。有一天，他出远门还是背着他所有的财物外出，越背越重心情也越沉重，他想不通为什么他这么苦这么不快乐，走着走着他看到了一个农夫打着赤脚，穿很破烂的衣服一面唱歌一面耕种，他想他那么穷那么辛苦为什么他会那么快乐，于是他问了农夫，你为什么那么快乐，有什么秘诀呢？农夫笑着对他说："放下你所痛苦的，你就会快乐了。"

这则故事里，睿智的农夫一语道破了富翁的心结，即"放下，也是一种得到"。我们这一生被太多的东西所牵绊，其实理智的人不会痛苦，感性的人也不会痛苦，真正痛苦的是在理智和感性夹缝中生存的人。富翁拥有了常人没有的财富，完全可以将其转化为幸福，可悲的是这反而成为他的一种负累，而失去了幸福。有时只有勇敢地放下牵绊和负累，才能消除痛苦赢得幸福。

紧紧抓住不快乐的理由，无视快乐的因子，就是你总是觉得痛苦难受的原因。放下负累，做任何事情不论结果如何，过程总是美好的，摒弃那些杂乱的痛苦，幸福将在我们的心间洋溢。

幸福悟语

如果将我们的生活比做旅游，负累就是我们携带的行囊，这"行囊"也许会陪伴我们一生的旅程。但善于发现幸福的人却会聪明地看待它。其实，生命正是在负累的拿起与放下的交替中顽强向前，并闪出进步的火花的，就如黑夜与白天的交替中出现的彩霞。幸福需要发掘，我们的心态要摆正，时刻提醒自己不要太忙，适时地将负累放下，重新找回失去已久的快乐与幸福。

计较得越少，得到的就会越多

满足个人欲望，追求幸福，是人与生俱来的本能。但是，不切实际的追求，就会转变为计较，令自己产生无尽的痛苦和烦恼，对自己和他人却是一种伤害。有的人已经拥有了很多，却仍然盯着没有得到的身外之物，于是他的成功就转化为失败：什么都拥有了，仍然感觉缺点什么。如此一生，谈何圆满呢？其实，人生真的不需要计较，计较的人永远不会有真正的快乐！

人们很多时候不自觉地会产生失败感，这是计较这一人性的缺点造成的，它让我们失去太多宝贵的东西。一个人感觉自己幸福和快乐，不是得益于他拥有很多，而是因为他很少去计较。殊不知，事情越计较，就越烦琐，心情也就越纠结。一个凡事都计较的人，他不仅痛苦，失去的不仅是快乐，还有许多更珍贵的东西。人们对金钱的计较往往是耿怀在心，当你和钱斤斤计较的时候，钱也会和你斤斤计较。所以把钱看得很开的人，快乐和幸福就经常环绕于他的周围。

待人不计较也会让我们消除痛苦。你的豁达会给对方带来温暖，对方会因为你的这种豁达而产生出一种为你付出而值得之感，所以，待人不计较也会让自己的心里感觉舒心。

请看下面一则故事，看文中的主人公是以什么样的心态赢取了事业成功，获取人生的幸福的。

10年前的我，是一个普通的修理工，每天都重复着同样的工作内容。可是，渐渐地我开始觉得不对劲，我的工作收入越来越少，无以满足生活的开销，这令我感到痛苦和揪心。无奈之下，我只能和其他人一样，选择了开出租车这个职业。为了增加客人的乘车机会，我到机场去排班等待载长途客人。有一天，我发现前面有一点怪怪的：有一位客人不断上车，可是又不断下车，一连换了好几辆出租车。然后他来到我的位置。"怎么回事？"我疑惑着。客人的一句话就让我震撼了："500元去B城！""什么？"我一下没反应过来。因为以我们出租车定的行情价来说，从A城到B城一律是700元，低于这个价格就是亏钱。面对这种状况，原则上我们出租车司机是可以拒绝的。

"要接一个长途却亏钱的生意，还是继续等待下一个生意？"我犹豫着。

突然，我想起曾经看过的一句话：计较让你变得贫穷！于是我不再犹豫。当我把客人送到B城时，我开车转个弯打算开回A城。突然，我眼睛一亮，想到一个好主意："对了，我可以找客人一起拼车啊！"B城有个客运站，很多商务人士会从那里搭车回A城。如果多接几个客人一起拼车，这一趟B城行就可以打平成本。

"小姐，你要不要拼车回 A 城？"我稍微靠过去问客运站一位小姐。

"哪有这么好的事？"这位小姐不以为然。"请问你搭长途大巴回 A 城要多少钱？"我接着问她。"110 元。""哦，那坐我的车子 90 元就可以了。""什么？"小姐脸上露出惊讶和怀疑的表情，并谨慎地打量着我。

我赶紧拿出车上的出租车登记证给她看，"小姐，请看！这个就是我。我刚从 A 城载客人到 B 城，现在要回 A 城，想要找人一起拼车分摊一点成本。"

"这个好像是真的。可是，只有我一个人，我不敢坐。"这位小姐坦白地说。

"没关系，那我们再等等其他的客人一起拼车。"没多久，客运站出现了另一位小姐，我走过去邀她一起拼车。

炎热的天气让人非常口渴，我临时决定上高速公路之前先去买瓶水喝。我把车停下来，对两位小姐只说了句口渴要去买水，两位乘客并没有多说什么。不过，当我回到车子时，我并不是拎着一瓶水，而是抱了 3 瓶矿泉水。

令我意外的是，这 3 瓶矿泉水改变了我的一生。

两个星期后我的手机响了。"你好，司机大哥！你还记得我吗？我是上次从 B 城和你拼车回 A 城的客人。我们有个同事想请你帮忙，要从 A 城载一位老师到 B 城，你能不能先报个价？"

我本来以为这只是一次普通业务，没想到后来有幸能成为一

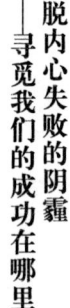

二、摆脱内心失败的阴霾
——寻觅我们的成功在哪里

个常态的合作模式。我开始固定为黄小姐所在的企业管理顾问公司，从 A 城载老师们到 B 城演讲或是开会。在没有固定客源的出租车职业中，我给自己开拓出一条长途载客的固定客源。

"计较让你变得贫穷和痛苦。"就是这个一念之间的想法改变了我。让我找到了自己想要的服务方式，价值几块钱的矿泉水为我建立起一个标榜服务的车队，让我的人生从此不一样。

这个故事里，司机师傅以他豁达的心胸赢得了一系列的业务，改变了收入少的状况，方便了他人也幸福了自己。生活中我们常会遇到各种各样让人头疼的事情。一旦遇到，我们是斤斤计较、怒发冲冠还是莞尔一笑、转身释怀呢？这是一种选择，也是对幸福生活的取舍。如果我们能像司机师傅那样，计较得越少，得到的也就会越多。

以豁达的眼光来看，失败也许是我们的视野太局限，痛苦是因为我们改变太少。人生其实没有什么值得让我们大惊小怪，更没有什么事情值得我们斤斤计较。时下有这样一种理念：让自己幸福的最好办法，不是生气而是去争气，去努力做得更好，在人格、知识、智慧、实力上让自己加倍成长，变得更加强大，当问题来临时会迎刃而解，变得简单。

我们不能因为金钱而痛苦，对待金钱的态度也一样，当你不再为钱计较，不单纯为钱而过活的时候，你才可能拥有更多的钱，因为金钱仅是成功的附带品。计较得越少，则可能让人拥有许多宝贵的东西，这些都是无法用金钱去衡量的。

幸福悟语

计较得越多你会感到越痛苦,反之,计较得越少你会得到越多的幸福。少计较会让你懂得欣赏,计较会让人体验到悲伤。不计较是春风,会给人舒心和舒畅;不计较是甘泉,在对方体验到甘泉时,你也会体验到幸福。如果你能知足,胸怀就能够豁达,你就不会因得不到贪恋的满足而心情沮丧,幸福也就与你快乐结缘了。

负起责任比说"对不起"更重要

随着我们年龄的增长,是应该负起自己应尽的责任了,再也不能像小时候什么也不想,什么也不用操心,只是开开心心地过着属于自己的童年。现在我们背负了太多的责任,太多的不能够,每每想任性去做一件事的时候,心中总有个声音在提醒自己,这件事不能这么做,会造成怎样怎样的后果。当做错一件事情的时候,难道还要用说"对不起"推卸责任吗?这是不可能的。痛苦有时候源于责任,但责任更能消除痛苦。

古今中外,很多失败的案例源自于责任。人没有"在其位谋其政",许多主帅因为不尽责而丢掉阵地,让很多人跟着遭殃;

也有管理者不尽责，让企业蒙受损失，诸如此类。说明了当一个人犯错后说"对不起"，远不如当初就做好本职工作，让尽职尽责消除失败的危险。

对于生活我们有太多的幻想，总想甩掉那些本来就存在的束缚，去追求自己心中美好的生活！生活、工作、爱情、友情，等等，都有我们脱不了的责任！但这并不是我们痛苦的根源。即使我们多么想自由地去做自己想做的事，但现实不允许，生活也不允许。

艾尔森是美国著名的心理学博士，他曾对世界100名各个领域中杰出人士做了问卷调查，结果让他十分惊讶——其中61名杰出人士承认，他们所从事的职业，并不是他们内心最喜欢做的，至少不是他们心目中最理想的。这些杰出人士竟然在自己并非喜欢的领域里取得了那样辉煌的业绩，除了聪颖和勤奋之外，究竟靠的是什么呢？带着这样的疑问，艾尔森博士又走访了多位商界英才。其中纽约证券公司的金领丽人爱丽的经历，为他寻找满意的答案提供了有益的启示。

爱丽出身于中国台北的一个音乐世家，她从小就受到了很好的音乐启蒙教育，非常喜欢音乐，期望自己的一生能够驰骋在音乐的广阔天地，但她阴差阳错地考进了大学的工商管理系。一向认真的她，尽管不喜欢这一专业，可还是学得格外刻苦，每学期各科成绩均是优异。毕业时被保送到美国麻省理工学院，攻读当时许多学生可望而不可即的MBA，后来，她又以优异的成绩拿到了经济管理专业的博士学位。

如今她已是美国证券业界的风云人物，在被调查时依然心存遗憾地说："老实说，至今为止，我仍不喜欢自己所从事的工作。如果能够让我重新选择，我会毫不犹豫地选择音乐。但我知道那只能是一个美好的'假如'了，我只能把手头的工作做好……"

艾尔森博士直截了当地问她："既然你不喜欢你的专业，为何你学得那么棒？既然不喜欢眼下的工作，为何你又做得那么优秀？"

爱丽的眼里闪着自信，十分明确地回答："因为我在那个位置上，那里有我应尽的职责，我必须认真对待。""不管喜欢不喜欢，那都是我自己必须面对的，都没有理由草草应付，都必须尽心尽力，尽职尽责，那不仅是对工作负责，也是对自己负责。有责任感可以创造奇迹。"

艾尔森在以后的继续走访中，许多的成功人士对自己之所以能出类拔萃的反思，与爱丽的思考大致相同。因为种种原因，我们常常被安排到自己并不十分喜欢的领域，从事了并不十分理想的工作，一时又无法更改。这时，任何的抱怨、消极、懈怠，都是不足取的。唯有把那份工作当做一种不可推卸的责任担在肩头，全身心地投入其中，才是正确与明智的选择。与其不负责任随波逐流造成损失说"对不起"，不如勇敢地担负起责任，创造出一条通往成功的道路。正是这种"在其位，谋其政，尽其责，成其事"的高度责任感的驱使下，他们才赢得了令人瞩目的成功。

艾尔森博士的调查结论，使人想到了我国的著名词作家乔羽。老先生坦言，自己年轻时最喜欢做的工作不是文学，也不是写歌词，而是研究哲学或经济学。他甚至开玩笑地说，自己很可能成为科学院的一名院士。而在本职岗位上如果不能尽职尽责，长期的煎熬，那他恐怕就要跟领导说对不起了。不用多说，他在并非最喜欢和最理想的工作岗位上兢兢业业，为人民作出了家喻户晓、人人皆知的贡献。

请看下面一则福克斯父亲拆亭子的故事：

当福克斯还是一个孩子时，有一次，福克斯父亲打算把花园里的小亭子拆掉，再另行建造一座大一点的亭子。小福克斯对拆亭子这件事情非常好奇，想亲眼看看工人们是怎样将亭子拆掉的，他要求父亲拆亭子的时候一定要叫他。小福克斯刚巧要离家几天，他再三央求父亲等他回来后再拆亭子，福克斯父亲敷衍地说了一句："好吧！等你回来再拆亭子。"

过了几天，等小福克斯回到家中，却发现旧亭子早已被拆掉了，小福克斯心里很难过。吃早饭的时候，小福克斯小声地对父亲说："你说话不算数！"父亲听了觉得很奇怪，说："不算数？什么不算数？"原来父亲早已把自己几天前说过的话忘得一干二净。老福克斯听到儿子的话后，前思后想，决定向儿子认错。他认真地对小福克斯说："爸爸错了！我应该对自己说过的话负责！"于是，老福克斯再次找来工人，让工人们在旧亭子的位置上，重新盖起一座和旧亭子一模一样的亭子，然后当着小福克斯的面，把"旧亭子"拆掉，让小福克斯看看工人们是怎样拆亭子的。

后来，老福克斯总是说："言而有信，担负责任，对自己的言语负责，这一点比万贯家财来得更为珍贵！"人生如画，生活本身是一幅画，但在涉世未深时，我们都是阅读观画的读者，而经过了风雨，辨别了事物，我们又变成书中的主角，在各自演绎着精彩。幸福更是一种感觉，幸福是一缕花香，当花开放在心灵深处，只需微风轻轻吹动，便能散发出悠悠的，让人陶醉的芳香。我们！都有责任！

福克斯是英国著名政治家，他以负责任、言而有信获得了政界较高的赞誉。如果我们做事不对自己和别人负责，就只能对对方说"对不起"了，但很多时候，"对不起"三个字并不能弥合对方的失落和创伤。责任大于天，这并不关乎个人的兴趣和爱好。"热爱是最好的教师"，"做自己想做的事"，这些话已经是句耳熟能详的名言了。但是，"责任感可以创造奇迹"，却容易被人忽视。对许多杰出人士的调查说明，只要有高度的责任感，即使在自己并非最喜欢和最理想的工作岗位上，也可以创造出非凡的奇迹。

对于我们大多数人而言，工作就意味着完成自己的分内事，然后心安理得地拿自己那份薪水。诚然，工作既是自己的谋生手段，也是个人对社会的一份责任。一个平凡人，工作日复一日年复一年，上班下班总是忙忙碌碌，似乎也找不到多少不平凡的业绩。但在普通岗位上玩忽职守，就会酿成错误，当我们说"对不起"的时候，痛苦和失败感已包围我们的心灵。

评价一个人的工作做的好坏，最关键的一点就在于有没有责任感，是否认真履行了自己的责任。人的一生必须承担各种各样的责任，社会的、家庭的、工作的、朋友的，等等。人不能逃避责任，对于自己应承担的责任要勇于承担。放弃自己应承担的责任，就等于放弃了生活，也将被生活所放弃，他就会陷入无尽的痛苦当中。责任可以使人坚强，责任可以发挥自己的潜能，而能力，是由责任来承载的。责任可以改变对待工作的态度，而对待工作的态度，决定你的工作成绩，人们常说"假如你热爱工作，那你的生活就是天堂，假如你讨厌工作，那你的生活就是地狱"。我们在工作中，就是要清醒、明确地认识到自己的职责，履行好自己的职责，发挥自己的能力，克服困难完成工作，认识到、了解到自己的责任，清楚自己的职责，并承担起自己的责任，那么工作就由压迫式、被动，转化为积极主动，我们就能享受责任带来的乐趣，取得成绩的快乐。

幸福悟语

很多时候，人们的痛苦根源并非来源于外界，而是来源于我们自己的不负责任。当错误产生，我们习惯于说"对不起"推脱我们的责任，这种痛苦久久萦绕于我们的心田。而只要我们勇敢地负起责任，痛苦也许不敢来敲门，成功就会属于我们。

人生充满变数，会选择更要会放弃

　　我们不得不承认，我们的一生中有很多时间是在选择和放弃中度过的。会选择、会放弃让我们远离痛苦，寻得幸福。也许在面对选择时，我们有很多个入口，可最终只有一个出口能够让我们见到光明，我们没有三头六臂，也非"神仙"，更不能同时驾驭多个航船在浩瀚无垠的大海中平稳前行，选择好自己的航线对于到达你的目标至关重要。所以，我们不但要会选择，同时要懂得放弃。

　　在我们的一生中，无论是在工作、生活上，还是在爱情、婚姻中，不同的选择将会导致迥异的人生。不同的选择之间存在着一定的差距，甚至有着天壤之别。错误的选择会让人们走尽弯路，辛苦一生却一无所获，或走入歧途，酿成人生悲剧。学会睿智选择，才能让我们远离痛苦，成就完美的人生。选择很重要，放弃同样重要。我们每个人或多或少都会有许多割舍不下的东西，舍不得丢弃爱情之花、令人头疼却能获得稳定薪水的工作，小到丢失了珍贵的礼品、一条项链，也能让人念念不忘，耿怀在心。但任何事物都如硬币的两面，有无相生，祸福相依。人常说，有所得必有所失，鱼和熊掌从来不可兼得。智慧的人摒弃痛苦与失败，就要懂得两弊相权取其轻，两利相权取其重。

有一座高耸入云的山，矗在那里不知其几千万米，飞鸟难越。山前山后有两条路供攀登顶峰，一览天下大观。前山大路石级铺就，笔直坦荡；后山的小路，蜿蜒曲折，荆榛丛生。

有一天，有父子三人来到山脚下。父亲举手遮阳，眺望峰顶，声如洪钟："你俩比赛爬上这山：上山有两条路，大路夷以近，小路险而远——选择哪条路，你们自己裁夺。"哥俩思忖再三，各自按照自己的选择踏上登山的征程。

时间飞快，两个月过去了。一个西装革履的身影出现在峰顶，哥哥走来了。他面色潮红，略显发福，油光可鉴的额头下眼神明亮。他神采飞扬地掸了一下笔挺的襟袖，走向充满期待的父亲，气宇轩昂地朗声说："我赢了，我赢了！这一路真是春风得意。在坦荡的大路上我只需向前，向前！舒缓的坡度让我走得从容，平整的石砌供我心旷神怡。这里没有岔道让我伤神，这里更有浓荫为我遮阳。我的心灵没有欺骗我，是英明的选择助我胜利。实践证明：在平坦和崎岖间，只有傻瓜才会放弃平坦，选择崎岖。聪明的选择使我有了多么得意的旅程啊。所以说，我理当获得胜利！我是胜利者！"

那位父亲慈祥地看着他，语重心长地说："你选择的的确聪明，一路走得也十足风光——我的好儿子……"

此后又不知过了多久，另一个身影出现了：他步伐稳健，全身透出不尽的活力；尽管肤黑瘦削，衣衫褴褛，但双目炯炯有神，映射着青春的光彩。弟弟微笑着走向父亲和哥哥，从从容容地讲起路上的故事："天啊，这是多么有意义的一次旅程啊！感谢您，我的父亲，感谢您给我选择的机会。一路上陡峭的山崖阻挡着我攀爬的脚步，丛生荆棘刺破我裸露的臂膊，疲惫的身心增添着孤独的酸楚。但我坚持住了，终于我学会了灵活与选择，学会了机敏与自护，学会了独立与坚忍。偶尔路边也会有美丽景色，这时我就会放慢脚步。在山脚下，我看见山花烂漫，彩蝶纷飞，于是我与山花同歌伴彩蝶共舞。在山腰，我看见绿草如茵，华木如盖，清澈的小溪静静流淌在林间，朝圣的百鸟尽情放歌于林梢。我拥抱自然的和弦，追逐欢快的浪花。这些往往是我最快乐的时光。可更多的时候是阴冷浓雾的环抱，荆榛丛棘的阻隔。放眼望去，黄叶连天，衰草满路，但我在黄叶阵中看到丰硕的果实，从衰草丛内悟出新生的希望。在萧瑟的紧逼环绕中，我感觉自己在成熟，一寸寸地成熟。再往上，是没有一点生机的寒风和石砾，我曾想放弃，但曾经的艰辛温暖着我，启迪着我，给我力量，给我信心，使我忘掉比艰险更艰险的死寂，抛掉比痛苦更痛苦的迷茫！我最终到达了这里！一路上，我阅尽山间春色，也饱尝征途冷暖，为此，我要感谢父亲，感谢您给我选择的权利，我从自己心灵的选择中懂得了太多太多……"

哥哥眼中露出不解，但转眼间就消失了，他不无得意地说："可是你比赛输了！"

"的确，"父亲遗憾地说，"孩子，你输掉了比赛……"

弟弟极目远方，脸上露出平和的微笑："但是，在人生的比赛上我是赢者！"

这个故事里，弟弟选择了极其艰难并且充满痛苦历程的小路去攀登高峰，他的选择为他磨砺心智走上成功道路打下坚实的心理基础，不能不说也是一种成功；哥哥聪明地选择了平坦的大道，达到了比赛成功的目的，也不能不说也是一种成功。人生充满了变数，我们要根据自身的情况，慎重选择，走好脚下的每一步，才会赢得自我的成功，驱散失败的阴霾。

慎重选择让我们远离失败，果断放弃让我们逃离痛苦。关键时刻，我们选择"放弃"。放弃不代表懦弱，不代表脆弱，不是缺乏骨气的表现，也不代表胆怯的态度，而是彻底地将痛苦踩在脚下，开启了自己真正有价值的人生。

詹姆士原来沾染了恶习，在把父亲给他的一笔财产花光了后，生活也难以为继，这时，他才觉醒要努力奋斗，决心从头做起。

他从哥哥那里借来一点钱，自己开办了一间小药厂。他亲自在厂里组织生产和销售工作，从早到晚每天工作18个小时，把工厂赚到的一点钱积蓄下来扩大再生产。几年后，他的药厂办得有点规模了，每年有几十万美元的赢利。

但灵敏的詹姆士经过市场调查和分析研究后，觉得当时药物市场的发展前景不大，又了解到食品市场前途光明。世界上有几十亿人口，每天要消耗大量的各式各样的食物。

经过深思熟虑后，他毅然出让了自己的药厂，又向银行贷得一些钱，买下"加云食品公司"的控股权。

这家公司是专门制造糖果、饼干及各种零食的，同时经营烟草，它的规模不大，但经营类别不少。詹姆士掌控该公司后，在经营管理和行销策略上进行了一番改革。他首先将产品的规格和式样进行了扩展延伸，如把糖果延伸到巧克力、香口胶等多个品种；饼干除了增加品种，细分儿童、成人、老人饼干外，还向蛋糕、蛋卷等发展。这样就使公司的销售额迅速增长。接着，詹姆士在市场领域上下工夫，他除了在法国巴黎经营外，还在其他城市设立分店，后来还在欧洲众多国家开设分店，形成了广阔的连锁销售网。随着业务的增多，资金变得雄厚起来，詹姆士又随机应变，把英国、荷兰的一些食品公司收购下来，使其形成大集团，名声鹊起，事业逐步走向了辉煌。

这个故事里，詹姆士并没有因为他人的看法改变自己，虽然他放弃了没有很大发展前景的药厂，但他并未因此而痛苦，相反把资金全部投入食品方面，看起来好像风险很大。但是，正是由于他的果断放弃，才成就了他后来的事业，事实证明他当初的放弃没有错。

人生的光阴短短数载，在忙碌和奋斗中当回首的时候我们想真正闲暇下来有欣赏过几个日出夕落呢？尽管不惧风雨苦痛，风雨中我们总是来也匆匆，去也匆匆，风雨兼程中从未想过停下乏力的双脚，去感受大自然送来的一席甘露。等我们马不停蹄地赶到了终点，却发现自己并不快乐，痛苦也未离去；发现我们的双脚，我们的身体已经承受不了太多负荷的压力。

有三只青蛙一同掉进一只装满鲜奶的桶中，第一只青蛙说：

二、摆脱内心失败的阴霾——寻觅我们的成功在哪里

"这是神的旨意。"于是,它缩起后腿,一动也不动。

第二只青蛙说:"这只木桶太深了,我实在没有办法跳出去。"说完,也同样动也不动了,不久,这两只青蛙就都被淹死了。

只有第三只青蛙没有放弃努力,他想:"只要我的后腿还有些力气,我就一定要把头伸到鲜奶上面。"它就这样慢慢地游啊,游啊。忽然,它觉得它的腿碰到了一些硬硬的东西,试试,居然能够站在上面。原来,它不停地游来游去,把鲜奶搅成了奶油。第三只青蛙站在奶油上面,一跃跳到了桶外。

这个寓言故事告诉我们,困境中不同的态度和选择将决定人的不同命运。而重生则是勇敢地跳出逆境和失败后的豁达。生活中,很多人不约而同地选择了第一只和第二只青蛙,从一开始就认为困境是上天给自己的"命",或者认为困难的难度太大,自己的能力不足以跳出那个困境的圈子,结果,它们很悲惨地死去了。只有第三只青蛙,不放弃最后拼搏的机会,终于获得了重生。

面对人生的一些选择,开始我们如无头苍蝇,瞎飞乱撞。幸运的人找到出口从此见得光明,而那些倒霉的,直到头破血流也只能同黑暗与凄凉一起埋葬。

有些时候,我们对事事都抓得太紧太牢,在每件事上都想要做到完美无瑕,只要有丝毫的瑕疵就郁郁寡欢,闷闷不乐,让自己陷入痛苦之中。比如择业,总是盲目地为无所知之的未来偏离了本身奋斗的轨道,盲目地认为多一种选择多一次机会。但是机会来临时，真的是自己想要的吗？社会是现实和残酷的，与其去为那不可能做出成绩的选择做出无谓的努力，何不着眼现在，为自己想去选择的行业做出有价值的努力呢？既然选择任何一方都要付出不同的代价，也许未必达到想要的结果，我们就不必舍近求远，让自己落入失败的怪圈。

对待情感，我们更要会选择，懂得放弃。人是情感很丰富的动物，感情会给我们快乐，同时也会让我们痛苦、失落与心碎，既然感情带给我们痛苦，如此让人神伤让人心碎；既然明知对方不曾珍惜，甚至践踏自己苦心经营的感情，我们就不必降自尊去乞讨一段失意变质的爱情。如果明知道没有结果还苦苦独自经营一份虚幻的爱情，那样只能令你更加痛苦，其实也只是自欺欺人，俗话说："天涯何处无芳草。"既然无缘，何不潇洒转身，就算要哭要闹也要在转身之后。上帝为我们关上一扇门，定会为我们开启另一扇窗，放弃只是驱除痛苦的最佳方式。

人生充满了选择和放弃，当我们知人事、懂人情、辨世故时，才学会趋利避害，选择最佳的远离痛苦的方法。假如成功，带走一分欢喜，留下万世传奇。假如失败，就在原来的选择上再添一笔，瘦弱的身体又被迫添置超负荷的债务，留下的只有无奈的眼泪和掉价的汗水。善于从中做出正确的选择，放弃一些东西，才能告别一蹶不振，迎接快乐的生活。

幸福悟语

痛苦有时候源自于错误的坚持和那些非理智的选择。找到快乐的人生，就先从会选择会放弃开始吧！让自己永远记住"没有人做不到，完不成的事情"这句话，始终引导自己，走对前面的路，会选择，懂放弃，努力做每一件事情。因为你不丢弃一些东西，你就无法抛弃痛苦。

消除自卑的心理，你就是独特的风景

人会痛苦，很大原因是因为自卑。自卑从理智上和情感上来说是人人都有的。自卑让人更加失败，它虽然是人生追求幸福的障碍，但是如果我们能够打败自卑，它就可以转化成为一种前进的动力。纵观古今中外，很多成功人士都曾有过深深的自卑，也曾令他们十分痛苦，但他们勇敢地战胜了自卑，走向了成功。

我们会习惯性地认为，普通人会自卑，失败的人会自卑，但未曾想过许多成功的人士也曾经有过自卑。但是如果我们能够在自卑出现的时候战胜它，自卑就可以转化为一种让我们勇敢前进的动力。

在某一天，一位高傲的武士来拜访禅宗大师。他本是一个出色且颇具威名的武士，但当他看到大师俊朗的外形，优雅的举止，自卑感猛然向他袭来。

他对大师说道："为什么我会感到自卑？仅仅在一分钟前，我还是好好的。但我刚跨进你的院子，便突然自卑起来。以前，我从没有过这种感觉。我曾经无数次面对死亡，但从没有感到恐惧，为什么现在感到有些惊恐了呢？"

大师对他说道："你耐心地等一下，等这里所有的人都离开后，我会告诉你答案。"

整整一天，前来拜访大师的人都络绎不绝，武士等得心急火燎。直到晚上，房间里才空寂起来。武士急切地说道："现在，你可以回答我了吧？"

大师说："到外面来吧。"

这是一个满月的夜晚，刚刚冲出地平线的月亮发出皎洁的光辉，大师说道："看看这些树，这棵树高入云端，而它旁边的这棵，还不及它的一半高，它们在我的窗户外面已经存在好多年了，从没有发生过什么问题。这棵小树也从没有对大树说：'为什么在你面前我总感到自卑？'一个这么高，一个这么矮，为什么我却从未听到抱怨呢？"

武士说道："因为它们不会比较。"大师回答道："那么你就不需要问我了。你已经知道答案了。"

这个故事里，因为不切实际的比较让这位武士产生了深深的自卑感，而且令他十分痛苦。而禅师的点拨让他豁然开朗，错误

二、摆脱内心失败的阴霾
——寻觅我们的成功在哪里

67

的比较对自己毫无益处，自卑感也毫无意义，痛苦也毫无价值。知晓了这个道理，武士的那种挫败感就荡然无存了。

不知大家有没有注意过一个现象——小孩子学走路的时候，无论摔得多么疼，爬起来还要走。在孩子看来，疼痛是必然的，他没想过这是一种对摔跤的惩罚，也没觉得走路摔跤了下次就可以不摔，这可以叫做无知者无畏。如果我们能拥有这种心态，那么，痛苦也会远离我们。

肯尼是一个美国人，他生下来就是一个下肢畸形的婴儿，不得不做两次手术。两次手术之后小肯尼成了高位截肢的残疾人。这时候他才一岁半。摆在他面前的将是怎样艰难的人生道路呀！

出乎意料的是许多年以后，出现在人们面前的肯尼，竟是一个性格活泼、精神乐观、顽强进取的英俊少年。肯尼从不把自己看成是残疾人，也从不感到自卑。他习惯以手代足，不仅生活上努力做到自理，而且和健全的孩子一样，上学、逛公园、攀高梯、溜滑板。对未来，肯尼有许多美丽的幻想，想当总统，想当摄影师，也想当汽车司机。总之，他总是使自己和健全的孩子一样，没有丝毫的自卑、怯懦，他的人生也更加多彩。

肯尼的故事说明：一个人只有战胜了自卑。超越外在的痛苦，才会有自信，才能扬起生命航船的风帆。只要自信回来，成功的概率将大增。而实际上，我们大多数人所拥有的自信，远比我们想象得更多。

我们要消除痛苦，就要消除自卑找回自信。我们做出没有自信的举动，就会愈来愈没有自信。缺乏自信时更应该做些充满自信的举动，与其对自己说没有自信，不如告诉自己是非常有自信的。为了克服消极、否定的态度，我们应该试着采取积极、肯定的态度。

著名作家毕淑敏曾经说过，自卑的情绪人人都有，所以自卑并不可怕，可怕的是这些情绪没有得到及时梳理，而纠集成一种情节，从而使人生变得灰暗萎缩。那么，如果有人不幸已经使自卑纠结成一种模式，又该怎样战胜这种自卑呢？

自信是战胜困难的最好武器。拥有自信，就好比轮船有了动力，会乘风破浪向前进。那么，我们该如何战胜自卑、树立自信呢？

1. 保持乐观的情绪。乐观是我们对事业前途充满信心的一种精神面貌，是成功者必备的品质。一般来讲，拥有自信心的人，总是乐观主义者。正是这种乐观的情绪，使我们的自信心逐步得到发展与巩固。

2. 做好充分的准备，为树立自信的心理打牢根基，这就需要在平时努力。

3. 分析失败的原因并归结，然后根据自己的不足之处做改进。

4. 自己主宰自己。

消除痛苦和失败感不容易，但可以先从消除自卑感开始。虽然我们知道我们要战胜自卑，一定要在自己心底树立一个非常坚定的坐标系，不能盲目听外界的评价，不要看别人的脸色，不要被舆论所左右。不要像墙头草那样随风摇摆，有了自己的主心骨，我们就会迎接成功的到来！

幸福悟语

自卑可以衍生痛苦，痛苦衍生失败。自卑是我们生活和事业道路上的拦路虎，会阻碍我们事业的前进。所以有了好的计划就立刻行动，没有什么值得你害怕的事情。自卑可以转变为人生前进的动力。只要下定决心，就能克服任何恐惧，失败和痛苦也会远离我们。

相信命运，但不应臣服于命运

积极的人在遇到挫折和失败时会激励自己说：命运掌握在自己手里！消极的人在遇到挫折和失败时会说：这就是命运啊！然后随波逐流，人生过得混沌不堪。而痛苦的产生，在于我们对待命运的态度，相信自己相信命运，人生将多姿多彩；臣服于命运，任由命运摆布，痛苦将如影随形、摆脱不掉。

生活中，多数人的一生都不会一帆风顺，难免会遭受挫折和痛苦。但是成功者和失败者非常重要的一个区别就是，失败者总是把挫折当成失败，因此每次挫折都能够深深打击他追求胜利的勇气；成功者则是从不言败，在一次又一次挫折面前，总是对自己说："我不是失败了，而是还没有成功。"一个暂时失利的人，如果继续努力，打算赢回来，那么他今天的失利，就不是真正失败。相反地，如果他失去了再次战斗的勇气，臣服于命运的摆布，那就是真的输了！

史铁生是当代我国最令国人敬佩的作家之一，他将自己的写作与他的生命完全同构在了一起。1969年史铁生到陕北延安地区插队，结果不幸的是，他双腿瘫痪，年纪轻轻的他从此和轮椅打上了交道。我想，任何一个年轻人都无法面对瘫痪的人生，史铁生也曾迷茫、消极地度过了一段日子，然而他很快就从人生的阴影中走了出来。他坦然地面对自己的身体，微笑地对待自己失去行走自由的人生。他说，他可以被剥夺很多人身自由，但是他的内心是谁都无法占据的。于是他开始从事写作，尽管身体极其不方便，却谱写出了健全而丰满的文学精华。

尽管遭受很多痛苦，身体的瘫痪使他的生活有时候不能自理，但是他并没有因为这些困难而放弃自己的写作。这种积极的心态完全可以从他的作品中感觉到。虽然他面临的是生活的苦难，可是他的作品却表达了明朗和快乐，字里行间我们看到的是他的微笑，体会到的是他的睿智。他的作品超越了残疾人对命运的哀怜和自叹，而上升为对残疾者生存以及精神生活的关注。他的叙述由于有着亲历的体验而贯穿一种温情，然而宿命的感伤；但又有对于荒诞和宿命的抗争，这些都是他对于命运的呐喊。面

二、摆脱内心失败的阴霾
——寻觅我们的成功在哪里

对痛苦和困难，他没有倒下，他甚至怀有比健康人更积极向上的心态去与困难斗争，去与命运抗衡，过着他自己全新的生活。

这个故事里，史铁生给我们树立了身残志坚的典范，面对苦难，他曾这样说："我越来越相信，人生是苦海，是惩罚，是原罪。对惩罚之地的最恰当的态度，是把它看成锤炼之地。"微笑地面对痛苦和困难，把它当做锤炼自我的工具，就能从克服困难的过程中取得成功。

对于命运的刁难，巴尔扎克如此评价："我们身处的困境是珍贵的赐予，它是天才的晋身之阶，信徒的洗礼之水，能人的无价之宝，同时也是弱者的无底之渊。"我们可以这样说，困难看起来很可怕，但它不过是一只纸老虎罢了，不能挡住胆怯者的脚步，也无法拦住真正的勇士。当你不相信命运的安排，勇敢地把它刺穿，你会发现在这张薄薄的纸后面，隐藏着美丽的风景。

史地芬·霍金17岁的时候，他考取了著名的牛津大学，然而命运对待他却是如此残酷，21岁时，霍金却不幸患上了萎缩性脊髓侧索硬化症，医生说他至多只有两年的寿命，就像正要开放的花朵遭到寒霜的打击，霍金面临艰难的人生选择，但他没有在命运的压迫下低头，横竖一死，眼看等死不如让生命留下一点辉煌。

疾病不断地向他进攻，命运的削夺使他只有头脑和两个手指还能运动，他不能说话，坐在轮椅上，只有靠一台电脑和语音合成器进行学术交流做学术报告。

霍金向命运挑战，命运也好像犹豫了一下，许多年过去了，他还是用毅力坚强地活着。

虽然他脚不行了，手不行了，嘴也不行了，但他的思维还行，他坐在轮椅上论证着，推理着，计算着，他写的科学著作《时间简史》风行全球，发行量1000万册，命运终于在顽强的霍金面前绽放了灿烂的花朵，他成为剑桥大学卢卡斯数学教授（这一教任曾由艾萨克·牛顿所任）。他广被推崇为继爱因斯坦后最杰出的理论物理学家，他取得的事业的成就令人钦佩。

霍金是与命运抗争的典范，霍金的成就令人钦佩，单说他能活到今天就已经是个奇迹了。很多事例说明，命运的最大敌人就是你自己，霍金用他顽强搏斗的精神，不断地战胜自我，超越了自我，活出了灿烂生命的色彩。命运是可以改变的，霍金将痛苦踩在了脚下，用他的勤奋塑造了属于他自己的命运与未来，他将用满腔的热血和微笑永远展示生命的顽强。

与那些勇于与命运抗争的人相比，反观自己是多么的渺小，常常做事半途而废，遇困难停滞不前。当遇到一道难题，我们不能自行解决，却依赖他人，对困难选择了放弃。而要成功，你必须将自己打造成一个勇敢、顽强、愿意向困难挑战的人，用自己的不懈努力去粉碎一切阻碍和痛苦。

命运是可以掌握的。人生的财富是什么？生命的意义是什么，是坚强的毅力和爱。我们的一生总会遇到挫折，如果我们用信心、用恒心、用决心去面对它，挫折与痛苦就会不攻自破。失败与痛苦，就像笼罩在你心头的一片乌云。如果你像强者海

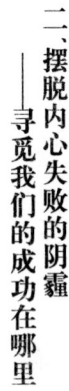

伦·凯勒一样，用光明去驱散乌云，你的面前就会变得海阔天空，你的生活就会永远充满光明。

幸福悟语

也许你是个相信命运的人，相信命运不可抵抗，但你不能臣服于它。臣服于命运，你的生命也就失去了意义。在种种失败和痛苦面前，需要的不只是聪明才智，还要有一种敢于向命运挑战的精神。也只有将痛苦踩在脚下，挑战命运，你的生命才会是鲜活、美丽和不朽的。

三、正视职场风云的纠结
——勇于攀登事业的险峰

职场路上几多艰辛几多坎坷，只为到达我们梦想的地方！职场之路波诡云谲，事业的不顺让人痛苦不堪、苦恼纠结，然而失败不是人生的陷阱，或许它正是命运赐予我们的礼物。事业之路正是越过了坎坷，才会有坦途。有了一次失败，便有了一次经历；有了一份失败，便多了一次向成功冲刺的纪录。拼搏事业的人拥有不舍不弃的气概，永恒地进取，才会拥有幸福的人生。失败不可怕，它是对强者的考验，对弱者的淘汰；它还是催化剂，它能使我们职场这杯酒更加醇美。事业之路漫长而充满了美妙的奇遇，只要我们不惧失败、勇敢攀登！

职场上只有坚忍的成功者

　　职场上的失败与痛苦直接会影响到家庭的和谐和生活重心的偏移，疲于奔命会让日子变得索然无味。每日忙得昏天黑地，拼出命也要完成计划单上的每一个待办事项。久而久之，你忽略了家人、朋友之间的感情联络，而你的思想也开始变得迟钝，因为你越来越感觉到失败与痛苦的折磨了。如果是这样，请试着让自己坚忍一些吧，你要相信终究会柳暗花明的！

　　由于工作的进展不顺利和人际关系的复杂等因素，很多职场人士的情绪波动很大，他们感到被失败和痛苦所压抑，于是被动地选择和消极地承受，于是很容易使人陷入绝望抑郁的情绪，不利于长远的职业规划。

　　我们要在打拼的职场上取得成功，需要多方面的条件。除了信心、目标之外，更需要拥有坚韧不拔的意志，只有这种意志，才能保证将痛苦与失败感抛开，最后达成我们所期待的目标。

　　失败和痛苦是横挡在我们通往成功道路上的障碍，如果这些障碍我们无法逾越，我们就可能输在职场的起跑线上了。当我们将一个个的障碍清除时，我们就能感受到成功者的喜悦。从失败中站起来，也是一种成功。如果说事业的发展和人生选择的机会是一个百宝箱，那么失败与痛苦则是一把锁，而坚韧不拔则是打开这把锁的钥匙。在职场上，坚忍这把钥匙是我们职场人不能随便丢失的。

在职场上，甚至在我们的一生中，没有任何东西比具有坚韧不拔的意志更重要。那些得到重用并且成为某一领域的权威人士的人，无一不是将痛苦踩在脚下，怀着坚韧不拔意志努力进取的人。他们也许不具有聪明灵活的头脑，但肯定缺少不了坚韧不拔的意志，那也是他们生存的顽强毅力。

遇到失败就气馁、退缩的人，不能算是坚韧的人。坚韧不拔意味着不论遇到什么困难，受到什么样的伤痛，都要一直坚持下去，直到问题解决、任务完成为止，他们才有可能达到事业的成功。对于坚韧不拔的人来说，没有走不完的路，没有攀不过的高峰，没有克服不了的困难，没有达不到的目标。

请看这样一则故事：

赵欣在大专毕业以后，就来到南方某市求职，经过一番努力，她和别的两个女孩被一家公司初步录用，试用期为一个月，如试用合格，将被聘用。

在这一个月之内，赵欣和那两个女孩都很努力，到了第29天时，公司按照她们三人的营业能力，一项项给她们打分。结果，赵欣虽然也很卓越，但仍然比另两位女孩低一至二分。

公司王经理托部下通知赵欣："明天你是最后一天上班，后天便可以结账走人。"

最后一天上班时，两位留用的女孩和其他的人都关心地劝赵欣

说:"反正公司明天会发给你一个月的试用工资,今天你就不必上班了。"赵欣笑道:"昨天的工作还有点没做完,我干完那点活,再走也不迟。"到了下午3点,赵欣最后的工作做完了。又有人劝她提早放工,可她笑笑,不慌不忙地把自己工作过的桌椅擦试得干干净净,一尘不染,而且和同事一同下班,她感觉自己很充实,站好了最后一班岗。其他员工见她这样做,都非常感动。

第二天,赵欣到公司的财务处结账,结完账,她正要离开,正好遇见王经理。王经理对她说:"你不要走,从今天起,你到质量检验科去上班。"赵欣一听,惊住了,她不信会有这种好事。王经理微笑着说:"昨天下午我暗中观察了你好久,面对工作你有坚韧的理念。正好我们公司的质量检验科缺一位质检员,我相信你到那里一定会干得很好。"

换位思考一下,设想我们是故事中的主人公,在被告知自己未被录用的情况下,是否还能坚持完最后一天,恐怕大多数人怀着现实的目的,身在曹营心在汉,早就谋划着下一份工作的事情了。这也即提醒我们,失败与痛苦只是暂时的,是自己未能达成企业的要求。但坚韧的工作品质正是职场所欢迎的优秀品质,赢回那份职位,就变得顺理成章了。

那些坚韧不拨的人首先会坚定自己的目标,即使他们失败了,也绝不会轻言放弃。生活中,我们每个人都有自己的奋斗目标,只要这个目际是现实的和可以通过努力达到的,即便是暂时遭遇了挫折,也会克服各种困难,打败那些困扰自己的艰难困苦,找出排除障碍的方法,毫不动摇自己的信心,执著地朝着既定的目标迈进，最终战胜困难，实现人生的愿望。

职场是我们赚取薪金的地方，充满着利益的纷争。来自于不同方向的利器让我们无法躲闪，但生活不只有成功，大多数时候我们要与失败相伴，痛苦与快乐也是相辅相成的。我们必须一次次地去尝试，失败、失败、再失败才能获取最后的成功。大发明家爱迪生在研究电灯的时候，尝试了很多次都没有成功，一个朋友安慰他时，他说："我从来没有失败，我只是找到了一万多种不可行的办法。"他清楚地认识到，一个人的才能甚至运气或许对他的成就有很大帮助，那些成千上万的失败虽不可避免，但是坚韧不拔的意志却可以使他取得更大的成就。那些懂得坚持和战胜痛苦的人最后在生活中总是能够超越他人。

因此，每一位职场人士都应该锤炼面对失败与痛苦的勇气，努力培养坚韧不拔的意志。当我们具备了坚韧不拔的意志，面对困难就不会退却，面对失败不气馁，面对痛苦也能露出笑容，忍耐和坚持将帮助我们迈向成功。

三、正视职场风云的纠结——勇于攀登事业的险峰

幸福悟语

职场不相信眼泪，职场只有坚韧的胜利者。在众多的成功因素中，坚韧不拔的意志是非常重要的。如果缺乏恒心和毅力，我们就无法忍受痛苦和失败，我们将被逆境打倒，成功自然与我们无缘。职场是个充满各类高手的竞技场，来自各方的失败更有助于自己的成长，也只有具备坚韧不拔的意志，我们才能成为职场的赢家。

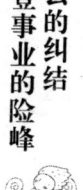

只有在风雨中才能历练出优秀的水手

初涉职场，一切都感觉那么陌生。职场的大环境不亚于一场大风雨，对于职场新人来说，经历职场风雨的洗礼，比那些中规中矩的学习更为有效。在职场上遭遇一些失败与痛苦，并不是什么坏事，你要相信，只有在风雨中接受洗礼，才会历练出优秀的水手！

进入职场都有个青涩的过程，从稚嫩的学生变成潇洒自信的职场人，这个过程对每个青年人来说，都是一场挑战。在新环境中，磕磕碰碰在所难免。如何在全新的职场环境中恰当地表现出自己的自信与实力，迈出职场成功的第一步，成为首当其冲的一环。

初涉职场，你不必因不懂的东西而产生挫败感，因此而痛苦和失望。我们需要将其看做是一场风雨，风雨终究会过去，我们必将会成长。一步一个脚印，去践行我们的梦想。但光有不切实际的空想是不行的，我们还需要有务实的想法和思路。天马行空只能耽误了我们的脚步，只有脚踏实地客观公正地去思考、去求索，才能让我们带上心灵的翅膀，明确前进的方向，扬起风帆，搏击风浪，去寻找我们对人生和事业的追求。一句话：我们要做强者，我们要做不惧怕风雨的坚强的水手！

生活的历练可以造就人，也可能会摧毁一个又一个有志青年！因为，很多人在生活给予他的失败和痛苦中倒下了，让人的希望破灭，心灵受到摧残和打击。生活的历练促发了一批又一批的安于现状的庸人。他们颓废、不思进取、沉溺。但是，我们不得不承认也有许多历经沉浮的人才，仍然像璀璨的明珠一样闪光，可是那饱经沧桑的内心有多少不为人知的心酸呢？将失败和痛苦踩在脚下，他们成功了，他们就是在这竞争时代中冉冉升起的明星。勇于和风雨作斗争，是淡泊人积极向上的心志，也是实现自我的最重要方法。

大学毕业后，罗青几次都与就业机会失之交臂。这天，他按照报纸上的信息，去了一家用人公司求职，没想到公司原定招聘8名员工，前去报名的却有好几百人。当罗青填好了表格，耐心列队等候公司领导面试时，有一位员工模样的人过来对他们说："我们的老总还有一个小时才会来这里。此刻我有点急事想请大家帮忙：我们到了几车水泥，眼看天要下雨了，我一时又找不到搬运工，我想请你们义务帮忙卸一卸水泥，好吗？"大家见他也是本公司的人，就想动身去帮忙卸水泥。可是，有的人发语："卸水泥是工人的工作，我们没必要去替他卖苦力。"如此一来，一大半人都站着不动，罗青却和另一小部分人走出队伍，主动跟那个人去卸水泥了。

待水泥卸了一半多，那人又来说话了："诸位对不起，我们的老总刚才来电话了，他说今天来不了了，真是很抱歉。"这些正在卸水泥的大学生沉不住气了，有的说："这不是故意戏弄我们吗？不干了！"有的说："咱又不是他们公司的员工，让我白干义务劳动，没门！"呼啦啦一下子又走了一大半。而罗青等少量几个人却一直坚持到把水泥全部卸完。

当他们在水龙头下用手捧着水洗完了脸之后,刚才那个请他们卸水泥的人笑眯眯地对他们说:"恭喜你们,刚才是我预设的一场特殊考试,你们几个全部合格了,从此刻起,你们就是我们公司的正式职员了。"这几位通过了"特殊考试"的大学生这才明白:这位不起眼的"员工"正是他们的老板。

尽管职场风云变幻,但从风雨中的一些小事,就可以看出一个员工适不适合企业的要求标准。用心良苦的老板设计出一场"搬水泥"风波,在阴晴不定的风雨考验中,罗青他们用他们的本真品格赢得了考试胜利,赢取了职位。而其他同学,只顾眼前利益,失败也是自酿苦果。

人们都不希望职场甚至人生经历坎坷,但如果一个人仅仅是为了生活而在世间立足,那么这个人的一生都是可悲的。人活在天地间,每个人都应该拥有他自己的理想和志向,当然更需要为了理想而努力奋斗,不能因为暂时的失败和痛苦就丧失不屈不挠的精神,即使风雨再大,也能勇敢地前行。可以无拘无束,轰轰烈烈地做一切自己理想的事,随心所欲地漂泊到尘世的每一个角落。为此,很多有志之人甘心接受风雨的打击,并且最终取得了成功。

有一个年轻人去微软公司应聘,而奇怪的是该公司并没有刊登过招聘广告,见总经理疑惑不解,年轻人用不太娴熟的英语解释说自己是碰巧路过这里,就贸然进来了。总经理感觉这个年轻人有点儿胆识,破例让他一试。面试的结果出人意料,年轻人表现糟糕。

他对总经理的解释是事先没有准备，总经理以为他不过是找个托词下台阶，就随口应道："等你准备好了再来试吧。"一周后，年轻人再次走进微软公司的大门，这次他依然没有成功。但比起第一次，他的表现要好得多。而总经理给他的回答仍然同上次一样："等你准备好了再来试吧。"就这样，这个青年先后5次踏进微软公司的大门，最终被公司录用，成为公司的重点培养对象。

这个故事告诉我们，成功就是不惧失败的风雨，能够坚持不懈地为梦想而奋斗。也许我们的人生旅途上沼泽遍布，荆棘丛生；我们工作的职场充满变数，令人心烦；也许我们追求的风景总是山重水复，没有柳暗花明；也许我们需要在风雨中摸索很长时间才能找寻到光明。那么，我们为什么不可以以勇敢者的气魄，坚定而自信地对自己说一声"再来一次"！勇敢地搏击风雨，就有可能达到成功的彼岸！

在搏击风雨中我们才能够历练成长！失败与痛苦对我们来讲并不可怕，因为在通往理想的大道上，这些都是必不可少的，只要不断磨炼自己的意志，勇于探索和追求，我们就可以拥有在风雨中成长的人生。所以，不要放弃，也不能放弃，一切为了生活，你必须接受这场历练！

三、正视职场风云的纠结——勇于攀登事业的险峰

幸福悟语

职场的历练不是让我们撞得头破血流，才醒悟到其中的道理。而是要不断学习职场的道理，要学会在团队中找到自己的角

色，扮演好，把一出戏唱完。要明白企业的首要任务是把饼做大，其次才是分饼的问题。我们要正视痛苦与失败，勇于在职场的风雨中搏击风浪，将自己锤炼成最勇敢的水手！

大失败孕育着大成功

一个人能否成功，完全取决于他的态度。成功者与失败者之间的差别是：成功者始终是用积极的思考、最坚定的执行来控制自己的人生。哪怕是摔得很惨，但他依然能够坚强地爬起来，执著地继续飞翔。而失败者徘徊在失败与痛苦的阴影里，只能眼看着别人成功。成功者好比是雄鹰，纵使摔得很惨，但依然能展翅高翔！

在职场生活中，每个人都不可避免地面临失败，失败对我们来说都是一种成长的历练，但是没有人天生就希望自己失败，也没有人生来就注定失败，只是人们有时候陷入了一种思维或性格的误区，所以使自己在不知不觉中走进了失败的恶性循环里。

古希腊的悲剧非常震撼人的灵魂，是因为它表现了人类很多的痛苦。正因为它展示了真正的人类的失败和痛苦，因此就显得博大而深刻。而一个很投入地去欣赏悲剧的人，很容易变得幼稚和软弱，因为他极其容易被外在的失败和痛苦吓倒、击垮。而真正的英雄是从痛苦中升起的一颗伤痕累累的明星。

痛苦也是我们成功的良友,是我们摔入低谷后努力振翅的动力所在。假如没有痛苦,我们将无法去鉴别真正的朋友;没有痛苦,我们甚至无法去鉴别真正的敌人。而在这个世界上,离开了朋友和敌人,谁又能去独自生活呢?

大失败孕育着大成功,摔得很惨,体味着失败的滋味,更能激发自己去品尝成功的滋味。请看下面一则故事:

亚马孙平原非常辽阔,在这里生活着一种叫雕鹰的雄鹰,它有"飞行之王"的称号。它的飞行时间之长、速度之快、动作之敏捷,堪称鹰中之最,被它发现的小动物,一般都难逃脱它的捕捉。

但谁能想到那壮丽的飞翔后面却蕴涵着滴血的悲壮?

当一只幼鹰出生后,没享受几天舒服的日子,就要经受母亲近似残酷的训练,在母鹰的帮助下,幼鹰没多久就能独自飞翔,但这只是第一步,因为这种飞翔只比爬行好一点。幼鹰需要成百上千次的训练,否则,就不能获得母亲口中的食物。第二步,母鹰把幼鹰带到高处,或树边或悬崖上,然后把它们摔下去,有的幼鹰因胆怯而被母亲活活摔死。但母鹰不会因此而停止对它们的训练,母鹰深知:不经过这样的训练,孩子们就不能飞上高远的蓝天,即使能,也难以捕捉到食物进而会被饿死。第三步则充满着残酷和恐怖,那些被母亲推下悬崖而能胜利飞翔的幼鹰将面临着最后的,也是最关键、最艰难的考验,因为它们那正在成长的翅膀会被母鹰残忍地折断大部分骨骼,然后再次从高处推下,有很多幼鹰就是在这时成为飞翔悲壮的祭品，但母鹰同样不会停止这血淋淋的训练，因为它眼中虽然有痛苦的泪水，但同时也在构筑着孩子们生命的蓝天。

有的猎人动了恻隐之心，偷偷地把一些还没来得及被母鹰折断翅膀的幼鹰带回家里喂养。但后来猎人发现那被喂养长大的雕鹰至多飞到房屋那么高便要落下来。那两米多长的翅膀已成为累赘。

原来，母鹰"残忍"地折断幼鹰翅膀中的大部分骨骼，是决定幼鹰未来能否在广袤的天空中自由翱翔的关键所在。雕鹰翅膀骨骼的再生能力很强，只要在被折断后仍能忍着剧痛不停地振翅飞翔，使翅膀不断地充血，不久便能痊愈，而痊愈后翅膀则似神话中的凤凰一样涅槃重生，将能长得更加强健有力。如果不这样，雕鹰也就失去了这仅有的一个机会，它也就永远与蓝天无缘。

这个故事告诉我们，面对历练的痛苦，没有谁能帮助雕鹰去天空飞翔，它只能靠自己。职场上，我们每个人都拥有自己辽阔而美丽的蓝天，也都拥有一双为蓝天做准备的翅膀，它们代表着激情、意志、勇气和希望。但我们的翅膀也同样常会被折断，或许会摔得很惨，也同样常会变得疲软无力，在那种情况下，我们能够忍受剧痛拒绝帮助，永不坠落地飞翔在蓝天吗？

雕鹰的折翼相当于职场人的低谷，相信每一个职场中的人，都经历过职场低谷。在那时，大家是怎么面对的呢？遇到职场低谷的时候，有些人一般都是先淡定下来，然后找回最初的动力，默默努力，同时告诉自己，要相信自己，我一定能行。

我们的生活充满变数，如同坐电梯、玩过山车一样，摇摆不定，上上下下，起起落落。处于高点时不时兴奋地大叫，在低处时情绪也会低落到极点。有时候，也会面临着自己有生以来最低的低潮，心里认为这是自己的人生最低谷了，也许以后的生活还会有低谷。但身在职场的人如何面对自己的人生低谷呢？消沉冷漠，自叹命不如人，自甘堕落，借酒消愁？这种消极面对只会让我们更沉沦，低谷时期更应该乐观、自信，心态要好。如何积极面对我们的低谷？

想要在低谷过后，飞得更高，就要克服低谷时候的不良情绪。要克服盲目、犹豫、怀疑等心理，千万不能以悲观的情绪面对失落或者挫折，否则你的低谷期会持续更久。应该寻求更多人的支持、鼓励和认可，比如主动向同事学习、交流，对自己给予积极的暗示。如果采取多种方法还不能让自己抛弃痛苦、找回自信，那就去深入大自然，积极地运动吧，你可以选择自己平时最擅长的运动，如打乒乓球、羽毛球之类的，好好地去打一场球，在运动中忘记忧烦，让自己重新获得自信与快乐。

幸福悟语

当我们落入低谷，摔得很疼的时候，我们需要重新审视自己制定的目标，是不是切合实际。对于新接手的工作，是需要适应过程的，应该做好工作计划，一步步实现工作目标。还要有破釜沉舟的勇气，才有前进的动力，才能尽快摆脱低谷。每个人对生活都有不尽相同的目标和期望，但是人生不可能没有低谷，只有积极面对，勇于挑战自己才能翱翔于蓝天之上！

用别人的成绩激励自己前行

职场的生活忙碌而枯燥，如果我们有几个知心的朋友，互相支持互相帮助，可以求得事业的顺利发展，也为工作带来一份好心情。但这个愿望开始变得越来越奢侈，好朋友因工作的忙碌、利益的竞争、个性的迥异变得更加可遇而不可求。有的人将别人的成绩当做自己的绊脚石而耿耿于怀，有的人则用别人的成绩激励自己前行而获得了成功。

眼高手低、好高骛远、不肯做小事、做简单的事这种思想在一些人身上尤为突出。他们总是认为自己才高八斗、学富五车。在公司里扮演一个小角色，挣一点小薪水，实在是大材小用，要等到哪年哪月才能成功呢？他们幻想一夜暴富，马上成为百万富翁。他们在职场上扮演"力挽狂澜"的大角色，也不愿意踏踏实实地把眼下的"小事"做到完美。当同事取得了比他优异的成绩时，他会醋意大发，甚至诋毁他人。结果，让自己的形象大打折扣。那么，既然小事都办不好，又如何能担当起更大的责任，去完成更艰巨的任务呢？

其实，同事不是你的竞争者，你完全可以把他当做友好的合作者，合作获取的收益将是很大的。当同事超越了你，你就应当用同事的成就来激励自己前行，当自己获得与他一样的成绩的时候，你将不再痛苦，取而代之的是快乐和幸福。而赢得同事的真心，需要先从欣赏他们的成绩开始。

李清去一家业内著名的广告公司求职，顺利地通过了第一轮测试，成了十位入围者之一。第二轮测试内容很简单：让每位入围者按要求设计一件作品，并当众展示让另外九人打分、写出相关的评语。

朋友在评分时，对其中三人的作品非常佩服，怀着复杂的心情给他们打了高分，并写下了赞美的语言。令他意外的是，他入选了！而更令他意外的是，他欣赏的那三位中只有一位入选！这是为什么？

后来，该广告公司总裁的一番话使他翻然醒悟。总裁说，入围的十人可以说都是佼佼者，专业水平都较高，这固然是重要的方面。但公司更为关注的是，入围者在相互评价中，是否能彼此欣赏。因为，庸才自以为是，看不见别人的长处，这倒情有可原，但人才若对对方视而不见，那就显得心胸太狭隘了。严格意义上来说那不叫人才。落聘的几位虽然专业水平不错，但遗憾的是他们缺乏彼此欣赏的眼光，他们只专注于自己的成绩，而不能积极地去肯定别人的成绩，而这点较专业水平其实更重要。

这个故事告诉我们，面临职场上日趋激烈的竞争，能否具有欣赏别人的眼光和接纳别人的胸襟，是非常重要的。自己之所以痛苦，在于用错误的眼光看待他人的成绩。而只有长远眼光的人

三、正视职场风云的纠结——勇于攀登事业的险峰

才会取长补短、团结协作、共同进步。他们会用别人的成绩激励自己，而不是陷入忌妒的痛苦深渊里。这也是职场上复合型人才必备的素养之一，更是职场人消除失败与痛苦的重要方式。

欣赏别人的成绩是欣赏对手的表现，展现出的是一个人豁达的胸怀。而排斥他人对事情没有一点帮助，弄得不好还会两败俱伤。我们不可避免地会引来忌妒者和竞争者，但积极的竞争能给生活带来生机，能使工作和学习产生动力，这都是不容置疑的。然而，在看到其积极的一面时，你却没有理由忽视它的另一方面——由于不能正确认识竞争而造成的负面影响。一位自寻短见的大学生在写给父母的遗书中悲伤地感到，未来社会是一个竞争的社会，自己不善于同竞争者一起生存，与每个人成绩的对比让自己非常压抑。像他这样的人怎能适应呢？与其每天处在使人十分厌倦的这种充满竞争的学习环境之中，还不如及早地彻底解脱。某公司的一位干部也因长期处在一种激烈的竞争气氛中，感到超越自己的同事给自己以十分沉重的压力，终于不堪重负而做出了极端的行为。类似于这样的事例并不少见，人们在叹息之余，也在思考如何与竞争者保持互不伤害的状态，而不让痛苦充盈职场之中。

那么，如何做到坦然欣赏他人成绩，防止自己产生忌妒心理？在强调跨越忌妒这道交际鸿沟的同时，最不能忽略的就是自己了，我们应该注意预防这种不健康的心理。

第一，要树立正确的职场交往准则，妥善地处理交往中常见的问题。举个例子，要正确看待别人的进步，对他人的成绩，即使超过了自己，也应当给予热情和肯定的评价。我们常说，心底无私天地宽。我们只有胸怀宽广，坦诚处世，才能净化自己的心灵，避免失败与痛苦心理的污染。

第二，要善于战胜虚荣心。虚荣心让职场人价值观错位，是一种不正常的荣誉感。这种心理会使人处于过分关注自我的状态，而忽略他人的成绩和感受。一个人如果好表现自己，虚荣心很强，他的另一方面往往是心胸狭隘，容不下别人。忌妒心理在他们心里产生，他人的成绩就不能对当事人产生正面影响。所以，要防止失败和痛苦感的滋生，就必须丢掉虚荣心。

第三，职场交往中应当注重宽厚待人。宽厚待人可以消除失败带给我们的痛苦，它既是一种情感，又是一种品德。职场人善于以宽厚的态度对人对事，就能够善于容人，善于与任何人包括超过自己的人相处。反之，如果一个人缺乏宽厚的品德，事事锱铢必较，生怕委屈自己，这也很容易诱发忌妒心理。

奋斗在职场，我们总会到达人生的低谷，低潮期、迷茫期、失落期等，总会以为别人比自己强，他们的成绩远远超越了自己，也会产生一些负面情绪如害怕、恐慌、焦虑，急于摆脱或是逃避这些情绪。但你一定要经历这些困难，积极地看待别人的成绩，用欣赏的眼光对待同事，才会赢得友谊，赢得进步。

既然已经落后，就不如积极地学习去追赶。脱离困境所需的品格，也许是坚持你的信念，也许是支持的力量，也许是实质的物质金钱等，这些上天早已给我们准备好，就好比在设计困境之时也设计出来了解救的办法，只等你发现并使用它们。

别人满面春风的时候，无论你是如何地焦虑不安，紧张烦躁，或是处之泰然，无论你是怎样的状态，有什么情绪，都要允许它们的存在。因为这是你创造出来的，拒绝自己等于把自己置于一个死胡同。去欣赏你的同事吧，他们的成绩正是你学习的榜样，你要用自己的坚持取得一样的成绩。不论你在哪里，处于什么状态，都要相信自己，信念不倒。坚持！坚持自己的原则，坚持自己的信念，坚持自己的梦想，时刻清楚知道自己想要什么！不要被别人的成绩吓倒，要相信自己的世界会有所变化。我们可以试着带上你的好奇心，看看低谷的最低下面是什么，它会带你到哪里，而你会变成什么样子呢？

幸福悟语

成功的道理其实很简单，向自己强的人学习而不是去忌妒他们。从小父母和老师就已经教给我们：成功往往属于那些能立足于当下，把每件看起来微不足道的小事做到完美的人。把每件微不足道的小事做到完美，是一种习惯。学习并欣赏强者，这种习惯所形成的竞争力是无可取代的！

过分比较，只会给自己带来更多的痛苦

比较是把双刃剑，有的人会因比较而激励自己前行，让自己进步；而有的人因过分比较，变得心胸狭隘，锱铢必较，让自己的人生被无尽的痛苦包围。在职场上，比较可能让你事业取得进步，也因比较，会带给我们很多麻烦和烦恼。摆正心态吧，别因为过分比较，让我们失去幸福。

职场上，我们经常有意或不经意听到他人在感慨人生和命运。听到最多的一句话就是，别人怎么那么有钱啊，我已经非常努力了，可是为什么别人怎么一个个地都发财成功了，倒霉的我怎么还是老样子，多让人瞧不起呀。

人们常说，人比人，气死人。比较让职场人士失去了对自己的正确判断，失去了脚踏实地的做事风格。比较不一定会给自己带来好运，我们的事业和人生旅程是靠一点一滴所累积和发展起来的，绝对脱离不了思想和想象力的推动，我们不去想事就不会去干事，也就不会去得到和达到我们人生的辉煌事业的巅峰状态。

过分比较会让自己更加劳累和困顿。如果我们不想被没完没了的事务困住，和那些因比较让自己焦虑的状况发生，在做一件

事情之前，必须首先确定它值得花多少时间来完成。此外，尽量少拿自己和别人比较。力图每件事情都完美，肯定需要很大妥协和牺牲。关键是职场中人要能把对自己最重要的事情做到最好，对其他小事潇洒地放手，这是一种取舍的智慧。

刘娟毕业于某名牌大学，在一家大型国企做办公室文员，每天的工作就是收发文件，偶尔参加一些单位的活动。这份在别人看来轻松的工作，在刘娟眼里却越发感到单调和无聊。一个月下来，不到2000元的薪水更让她无法接受，她说："现在同学聚会的时候，总要'晒晒工资'，同学里我是最少的，我心里很不平衡。"

"我这个工作什么时候才能干到中层？每天收文件、发报纸能有什么发展？入不敷出的可怜工资哪年才能买上房子？"有几次刘娟都萌发出"跳槽"的想法，可都遭到了家人的一致反对。这件事让刘娟陷入了无尽的痛苦之中，她感觉自己很失败。

上述故事里主人公的烦恼，就是因比较带来的，比较会激励她前行，也会让她心力交瘁。其实，每个新人刚刚上班都会有一段"孤独期"，一般一个月到半年的时间就能过去。成长不是因比较就能得来的。但也有一些新人，由于事先对新岗位估计不足，往往会产生一种失落感和痛苦感，感到处处不如意、不顺心，产生了一些"厌班症"或其他不良心理。

29岁的小李是一名工作勤奋的广告设计员，他把绝大部分时间花在了工作上，近两年逐渐接手的一些大型设计仍然让他郁郁不得志。他抱怨说:"我在这里已经待了两年时间,很多跟我一起进公司的人都得到了升迁机会。我做得并不比他们差呀。"

这位毕业于北京某高校设计专业的高才生已经走过了3家公司,最终都因为苦于无法充分施展自己的才华而选择离开。"现在我仍然面对这样的困境,我觉得公司上层似乎对我的工作成绩视而不见。"

上述故事里小李将这种烦恼归结于:同事升迁快,自己的才华和抱负无法施展,因比较让他产生心理失衡,最终痛苦的他选择了离开。诚然,小李的奋斗成果被一再忽略,才气、激情和斗志被这些烦恼一点点耗光,但抱怨无用,只有脚踏实地才会让他的技术更加精湛,高薪的砝码才会增加。许多人认为,如果在40岁之前还没有"出头",或许就意味着彻底失败,这种人为的界定成为强劲的心理暗示,使得职业中人更容易在挫折面前丧失耐性。据专家分析,年轻人普遍的浮躁和过分比较的心理是造成其心态严重失衡的重要因素。

职场中人想要摒弃痛苦,就应结合自身情况制定合理的目标和规划。初涉职场的人,在他们踏上工作岗位后,要学会根据实际环境及时调整自己的期望值和目标,遇到困难可以多和好友或心理医生沟通,多给自己做正面的心理暗示,随时保持积极乐观的心态。但要知道,职场毕竟不是学校,不是家庭,一些人的"骄娇"之气要彻底戒除,切忌以自我为中心,也不要大小事与他人进行错误的比较。只有具备了一定的沟通技巧和合作精神,脚踏实地地走好每一步,职场新人才会更快地成长。

对于职场上的"老人",更要平和地对待比较,用合理竞争的心理鼓励自己上进,但要量力而行,不能因此而伤害到自己。要知道社会上某些潜规则也是客观存在的,这方面不能苛求我们主动接受感染,从某种意义上说,职场"老人"还得像孩子们学习,澄清自己的内心,敦促用人单位和部门集体从对事业长远负责的角度出发,检讨自己。用以消除痛苦,保持快乐的心境。

此外,我们也不要因为"比较"就不做分外的事情,这不一定就会让自己吃亏。这里的"事"并非是"是非闲事"。许多人比较得失、斤斤计较,不愿做分外事,于是他们常常也就得不到"分外"的锻炼、"分外"的机会以及"分外"的回报。他们之所以痛苦,是因为自私心太重。因此,他们一辈子也只能做那一份小得可怜的"分内事",以及得到那一份被自己一直抱怨"少得可怜"的"分内"回报。这样说,比较让他们产生了重大损失。

幸福悟语

作为职场中人,我们更应该很明确地知晓自己的长处和缺点,扬长避短,不能因错误的比较和不切实际的"竞争"让自己深陷痛苦的泥潭。比较让我们"知耻而后勇",这是很积极的处世方式,会让我们获得不断的进步。如果因比较让自己心理失衡,纠结难耐,那就得不偿失了。

抛弃抱怨，我们须事事尽力

事情没有一帆风顺，而总是强调客观，不仅不会让我们从痛苦中解脱，相反，会让我们更加痛苦，失败感也会更加严重。作为职场中人，我们需要大胆地抛弃抱怨，认真地对待我们面临的每一个难题，事事尽力方能事事顺心，抛弃抱怨吧，因为那就等于我们勇敢无畏地抛弃了痛苦。

在职场的生活中，我们常常会听到许多类似抱怨的声音：都是因为公司的产品不够好，都是因为竞争对手太强太狠毒，都是因为公司的管理和制度太差，都是因为公司广告宣传打得不够多，都是因为客户太刁钻太挑剔，都是因为行业太混乱，都是因为管理者太无能，都是因为社会太不公平，等等。总之，痛苦的根源都是因为他人的过错。

想要做个快乐的职场人，就请停止抱怨吧！抱怨、强调客观只能让我们精神委靡，丧失了对快乐追求的动力。"要想事情有改变，必须先让自己改变！"时刻记住：自己是一切的根源！一切大情小事都不应该成为我们纠结痛苦的原因，我们无法掌控风的方向，但我们至少可以调整风帆，我们无法改变天气的变化，但我们至少可以变换心情！

抱怨会让自己更加失败，成功的人往往热爱失败，因为他们从失败中找到了成功的秘诀。热爱失败说得通俗一点叫胆大，就

是对疼痛没感觉,这里所说的没感觉并不是真的没有感觉,而是把疼痛的接受度提高,将个人的胸怀尽量变得宽阔。如果是自己摔了一跤,很可能站起来就走;但如果有人绊倒了你,你很可能要怒气冲天。你的心情这取决于你对待事情的态度。

请看下面一则故事:

陆游的《老学庵笔记》里有一则趣事:从海南归来的苏轼曾经在梧州、藤县之间与黄庭坚相遇,路边有卖面条的人,于是二人去买面条吃。粗粮做的面条难以下咽,黄庭坚放下筷子直叹气,但是苏轼已经很快吃光了,他慢悠悠地对黄庭坚说:"你还想细细咀嚼吗?"说完大笑着站起来。

在面对颠沛流离的人生忧患时,苏轼以豁达淡泊的心态乐观地面对生活,从容而不急进,自如而不强求,稳重而不浮躁,坚韧而不堕落,而黄庭坚却以消沉悲观的态度对待生活,看到的是处处苍凉,陷入痛苦的深渊中,难以自拔。不同的态度也造就了两人不同的命运和人生。

苏轼与黄庭坚之所以会走上不同的人生道路,很大原因在于在困境面前,苏轼选择了不抱怨。无数的事实说明,困境会给人带来痛苦,在有的人眼里困境是枷锁,羁绊着前进的脚步,在有的人心里困境却是一种动力,让他更加乐观,更让生活充满激情和活力。不同的职场人士也存在这样的情况,困难面前,有人还没有做事,就开始痛苦不堪了;而有的人面对困难,更加地跃跃欲试,充满了豪情壮志。

请看另一则故事：

陈明是一位工程师，他所在公司在业界小有名气，他自己也很喜欢这份工作，但公司还处在发展初期，管理很混乱，老板经常临时做决定，最让陈明受不了的是老板只考虑把客户拿下，先收到钱再说，至于有没有能力解决客户问题，以后再说。在这种环境下，抱怨就成了陈明的习惯。有同事劝过他，可他就是控制不了。直到有一天正在抱怨时，听到老板对他说："你觉得公司不好，明天就不要来了。"

结果，陈明离开了公司，其实他内心里还是很希望继续在公司做事的。

这个故事里，陈明的经历成为一种悲剧。抱怨让人们失去对工作的动力，心态开始变得消极，平时应付工作，结果业绩出不来，还会影响到团队的士气。职场中人的这种抱怨在一定程度上体现了对企业忠诚度的缺乏。因为抱怨，很多人抵不住更多机会的诱惑，或者不能承受企业暂时的困境，会消极对抗或者直接跳槽。

抱怨是职场中人被裁员和被迫跳槽的直接诱因，如果问一下身边的管理者，在他的团队中最不喜欢听到的是什么，他很可能会很爽快地回答是"抱怨"。消除自己的痛苦，铸造成功的职场道路，重要的是是否能够抛弃抱怨，我们的一切行动只不过源自于一个单纯而有力量的决定。

抱怨，让你厌倦了企业，同时也让企业厌倦了你。我们要看看是不是工作方法上出了问题，沟通能力不够好，有没有找到缓解压力的办法，以及多注重自己的人缘。停止你的抱怨吧，你可

三、正视职场风云的纠结——勇于攀登事业的险峰

以试着转移下自己的注意力。成功的职业人尤其要具备非常强的学习能力和不断学习的进取心，即在职场生活中不断向实践学习的能力。这一点与在学校学习有着明显的不同。职场上的抱怨等于给自己种下痛苦的种子，要改变这一状态，就要重视培养一种开放的心理知识体系，能够容纳不同观点，以便使自己在职业生涯中不断快速地成长。

幸福悟语

抱怨不能解决任何问题，在职场上，抱怨只能让他人认为你的能力很差，你的心态很不健康。积极的态度和妥善地寻求解决办法是你应该努力去做的。职场上，充满了困境和难题，每个人都不是一帆风顺的，我们只有抛弃痛苦，才能树立起快乐和向上的信心。

挑战你的极限，以苦为乐

每个人都是在母亲的痛苦中孕育和诞生的，也必须在痛苦中生存和逝去。能够经受得住痛苦的人，才有可能成就大业。在职场生活中，我们要善于挑战自己的极限，不怕失败不怕痛苦，将成功坚持到最后。你的人生才会有意义。

我们活着不是为了痛苦和失败，但要活着却不能不承受痛苦和失败。一个经历了人生百态的人，他的人生才算丰富。离开了痛苦和失败，人们就会变得简单而肤浅。但如果不想方设法去摆脱痛苦和失败，那么人们即使活着也只能是肤浅而简单，没有意义。

我们要善于挑战自己的极限，才可以冲破失败和痛苦的藩篱，迎接幸福和快乐的到来。丰富的想象力常会被我们称之为灵魂的创造力，它是每个人的财富，也是我们每个人宝贵的才智。任何的强权和霸王条款都无法将它夺去，它存在于我们每个人的脑海里。挑战自己的极限，就要充实自己的想象力。一个想象力丰富的人，容易取得人生成功事业的巅峰。相反，那么一个想象力匮乏的人往往只有羡慕那些成功人士的分。我们每个人都应该充分发挥和调动自己的想象力。身在职场，我们要清醒地明白，理想的实现需要靠想象力的描绘，再通过创造力得以实现，而不要去在乎那些暂时令我们痛苦的事情。

也许机会和机遇就在不远处等着我们，我们要相信机会永远会留给有准备的人。我们要把挑战自己的极限当做我们腾飞的翅膀，当做是向着我们理想进军的风帆。

刚来公司时，李强被分至公司下属基层镇里搞宣传，主要任务就是投递报纸和张贴各种宣传画。当时，基层业务代表是一名高中生，年龄比李强小得多，管宣传队，是个"小萝卜头"。与李强一同闯天下打工的朋友都劝李强别干了，但李强没听他们劝告，因为刚来公司时老总对李强说的话令李强深受感动，那就是"高一层次看"。

他说，所谓"高一层次看"，就是说，假如你是普通宣传员，你要以宣传队长的标准来要求，天天给自己加压，能力就能得到

极大锻炼提高,工作就会做得更好,业绩出来了,公司对你提拔也就跟上来了。而由于你先提高一步要求,公司提拔你后,你也能很快地适应工作,干得更起劲。

在基层当宣传员日子里,李强跑遍了基层各家客户,做了大量调查与宣传,与许多人建立了良好关系,成功地联系了几笔业务。不久李强就被提到基层业务代表的位置,在任基层业务代表期间,李强以县级经理标准要求自己,时刻挑战自己的极限。他将基层组织当做县级公司来管理,制定各项规章制度,每名员工签字同意,严格执行;员工划片确定业务任务,连续3个月没完成任务者一律自动下岗。由于任务明确,分工到人,奖优罚劣,不久,一纸调令,李强被任命为县级经理。

李强正是保持"高一层次看"的姿态,一切便得从"零"开始,时刻挑战自己的极限,时时把自己逼向挑战境地。有了提高一级的目标与动力,便能珍惜手头工作与环境,脚踏实地,兢兢业业,磨砺自己,平凡不平淡,落后不落志,终于干出了一番事业。

这个故事里,"高一层次看"的想法和时刻挑战自己的极限让李强从基层走上领导岗位,是难能可贵的。挑战我们的极限,将痛苦踩在脚下,迎接更美好的将来。挑战自我极限是职场生存的智慧,也是提升自我技能,走上重要岗位的好方法。

"枪打出头鸟"这句话一直是很多"精明人士"的座右铭,也被他们奉为避免痛苦的良方。殊不知,这句话却造就了一大批职场上的懦夫和弱者,不但不能帮助他们从痛苦和失败中解脱,还能更让他们深陷失败之中。他们不敢发表自己的意见,不敢提出自己的创意和设想。久而久之，就成了职场上的边缘人，痛苦长久地缠绕他们的周围。

只要想一想，体育竞技者无不是挑战自己的极限从而赢得了胜利。奥运会上金牌是颁发给第一名呢还是最后一名？挑战自己的极限，好的机会一定是属于那些敢想敢做敢于挑战自己的人的！痛苦可以锤打出生存的思想，但我们必须是一块钢铁；挑战我们的极限，痛苦就可以将我们磨砺成卓越人才，但我们自己必须是一把宝剑。

其实，挑战自己的极限可以帮助我们成熟，成熟和坚强并不是对痛苦的毫无知觉，或置之不理。相反，一个成熟的人应该对痛苦特别敏感，坚强的人更应该勇于挑战自己，镇定自若地指挥自己去迎接挑战。一个人对快乐没有反应，有时还会给人一种严肃的感觉；职场上，一个人如果对痛苦没有反应，那么就会给人留下痴傻的印象。精神一旦麻木，就会对痛苦失去感觉。挑战自我，会帮助你更快地跳出痛苦的苦海。

幸福悟语

敢于向未来挑战，向自己挑战，把痛苦和失败看做是将自己推往更上一层楼的大好机会。与其说痛苦是人的劲敌，还不如说它是人的忠实侍从和朋友。它伴我们走向成熟，走向坚强，而且，我们评价一个人是否成熟，是否坚强，关键就是看他能否在痛苦的簇拥下依然保持主人翁的身份，能否在艰难的环境中依然能挑战自我。

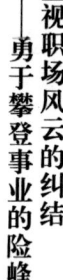

三、正视职场风云的纠结——勇于攀登事业的险峰

顺势调整自己，向着更强更大迈进

对普通员工来说，想要提升自己的地位和收入，最重要的途径还是提高自己的能力，也就是提高职业化水平，毕竟并不是所有人都适合当老板。我们要善于在痛苦和失败中顺势调整自己，结合目标状态向着更强更大迈进。也许这种提高过程是漫长的，会贯穿职场人的全部工作年龄，但这必竟是十分有效的。

职场生活中，你是否为了"顾全大局"经常性地做一些岗位职责外的事情，不仅辛苦受累不说，还害怕出了错担不起责任；你是否曾经在周末接到领导传召，去了以后才发现原来只有自己前来"加班"，别人都"有事"没有来。那些看似不起眼的小事情，其实已经把我们变成了一头"老黄牛"，不懂得在职场中调整自己的角色，就会陷入痛苦的境地。仿佛谁家的田地你都得去耕，谁的工作都可以推给你做。这让你感觉很痛苦，你想着偶然为之当然可以算助人为乐，但这种状况成为了常态，就会变成无可质疑的"血泪史"了。这时候，你要学会在职场中顺势调整自己了。

我们要在工作中调整自己，就得先从工作任务中改善自己。很多公司的目标平台上都会有分时段记录的工作日志。它记录着员工每天的工作情况，从中自然而然地反映出员工的成长状态。比如今天利用一个小时完成了一个任务，明天只用了 50 分钟，这 10 分钟虽然短暂，却可以说明很多。从常情来看，管理者确实需要培养员工，但并不表示所有的管理者都能明白这一点。相对管理者而言，员工更应该去培养自己，在困难中调整自己，因为自己的成长终归是自己的事，只有对自己负责，才能在未来的岗位上承担更多的责任。

职场生活上我们要努力调整好自己，抱着积极的心态向着更为和谐的状态前进。比如不要太介入同事的私生活，尤其是介入让人棘手的办公室恋情。在一起是工作，追究那么多一点好处都没有，反而会被他人划为长舌妇的行列。要管好自己的事情，不要恶意传播绯闻，随时随地发表不公正言论，或者受到别人的影响，轻信他人的挑拨和传言等。调整自己，就要处理好自己和公司的关系，任何侵犯公司利益、违反公司规章制度或者是法律不容许的事情，即便是碍于友情，也不要轻易陷入其中，要抱着公事公办，工作第一，友谊第二的态度。在公私分明的条件下，学会和同事好好相处，以免令你陷入不必要的痛苦中。

喜欢足球的人都知道，著名球星贝克汉姆最出色的就是他右脚精准的长传、传中和极其出色的定位球，不管是在俱乐部还是国家队的生涯中，他以此获得了大量助攻和进球。在我们的职场生活中，我们也非常需要这样的"踢球"技术，顺势调整自己，看透局势，"温柔而坚定"地给"飞来横事"来一脚漂亮的回传，将可能发生的"痛苦"消灭在萌芽之中。

很多职场人面临不感兴趣的工作，容易在压力下产生消极的情绪和应对方式，如紧张、沮丧、拖延、回避或敷衍等，但最后都难免要面对不利的后果，如老板的批评、同事和客户的失望、业务失利等负面影响。

专家建议，职场中人要学会张弛有度地生活。第一，工作固然需要付出强烈的责任心和热情，但是紧张的工作之余还要给自己留出充电和休息的时间。第二，要给自己做一个正确的职业定位，不能盲目地去追求不切实际的东西。了解和认清自己的优势，为自己制定清晰的成长计划。第三，不要封闭自己，要多和亲友聚会，或者经常运动缓解压力，保持一个良好的心态。

所以，顺势调整好自己，是每个职场人必修的功课之一。当我们反思自己的处境的时候，认识自己目前的应对措施和后果，你可以问自己是否能够对目前困扰的事情说"不"，反复权衡事情的解决办法。如果不能，如果你将要采取的是消极应对策略，可以考虑如拖延、敷衍会带来什么后果，这些后果是你可以或愿意承受吗？将问题写到纸上，反复推敲这几个问题，最后你会发现，不利的后果比目前烦人的工作要可怕得多。通过总结分析，最后就要做出调整自己的策略了，那样，你将成长的更快。应对职场工作也会更加地游刃有余。

幸福悟语

要顺势调整自己，才会对局势有更好的把握。要分析自己为什么对某件事没有把握，能否提高自己的掌控技能。如果是因为对事情了解少而没有兴趣，可以在工作中培养自己的兴趣。而在调整自己的过程中，一旦掌握了解决的方法，你将有效地提高工作效率，快乐也会接踵而至。

四、情路艰辛并不可怕
——爱往往会在拐弯儿处等着你

世间总有太多为情所困的人，但感情总是要有一个过程的，尽管这个过程里有美好的等待，也有痛彻心扉的怨艾，情路艰辛但执著的人们无所畏惧。幸福的爱情，不是几滴眼泪，几封情书，不是朝朝暮暮的相依相偎，而是走过艰辛之后的从容不惑。不管是曾经为了爱而努力，还是为了爱而逃避，今天仍可以幸福面对，面对幸福！当因为社会现实、他人干预、情意不和等因素而感情破裂时，失恋的挫折就会严重影响人们的生活。从热恋关系中断裂出来，一下子失去了自己最亲密的人，对大多数人来说是痛苦的。失恋者常常为逃避现实，缩小了人际交往圈，精神生活上既折磨自己又影响旁人的情绪。就请记住普希金的诗句："假如生活欺骗了你，不要忧郁，不要愤慨！不顺心时暂且忍耐；相信吧，快乐的日子就会到来。"情路艰辛并不可怕，爱往往会在拐弯处等着你。

不能让情感的挫折淡化自己的信念

失恋,既然是无法改变的事实,我们就要在痛苦中慢慢地站立起来,不能让情感的挫折淡化自己的人生信念。我们要用尽所有的力量,将自己的生活、工作和事业打理起来,直至事业的成功,达到人生的幸福。不能让情感的挫折成为我们前进的羁绊。也只有如此,才能穿越岁月的苦海,臻入更加精致的生活!

如果你是一个感情生活很丰富的人,你就要警惕情感带给你的负面影响。人常说,恨由爱生,爱由心生,如果你很轻易地堕入一份感情,而且非常沉迷于这样的关系之中,付出对你来说是家常便饭,你认为是理所当然的事情。但情感不会一帆风顺,在感情受到挫折的时候,如果你毫不犹豫地产生恨的情愫,在爱与恨的纠结之中,往往你会难以承受那些压力而痛苦不堪。遭遇情感挫折的人,他们的爱与恨均衡地产生着,此消彼长,既念旧情,又不能忘却被伤害的原因,更不敢相信眼前的事实,于是痛苦在内心世界里延续。

情感总有美丽的遗憾。失恋这件事,绝大多数人都曾经历过,不管人生如何成功,情感的挫折是大多数人的必经之路。失恋,是一杯难以下咽的人生苦酒,失恋的那个时刻,面对魂牵梦萦的对方的一切，哪怕仅仅是一个小小的卡片、一缕曾经的微笑、一段记录情感的文字、一张褪色的照片、一段曾经熟悉的小路，都可以让失恋的人堕入痛苦深渊、充斥失败的悲戚，那是一份凝重而痛苦的折磨。

感情生活中遇到的挫折往往会让人产生极强的怨念，从而淡化对爱情的信念。挫折让人更加在乎平时的付出，即那些都是自己珍贵的感情流露，所以一旦受到了伤害，人们很有可能会歇斯底里地爆发，结果使双方都深陷痛苦的深渊。那样的情境之下，挽回二人美好的生活是一件非常困难的事情，他们面对感情挫折恨已经超越了曾经的爱。也许是曾经在爱的时候太不顾一切，所以恨的时候也格外彻底。但是，遭遇情感的挫折，是人生中很平常的一件事，只要抛弃痛苦，坚定对爱情的执著信念，重新再上路，你的人生将别样不同，也会遇到更值得珍惜的另一方。

你们曾经的感情，是没有回头路可以走的，越是对爱情信念执著的人，越能品味到爱情的美妙滋味。要抱着豁达的心态，不管有没有那一天，即便同他（她）陌路擦肩而过，你也要给对方一个最为璀璨的微笑，用浅浅的微笑，默默地告诉曾经你爱的人，自己过得很好，同时也为对方的选择而祝福。

请看下面一则经典对话：

柏拉图：亲爱的孩子，你为什么如此悲伤？

失恋者：敬爱的长者，我失恋了。

柏拉图：哦，这很正常。如果失恋了没有悲伤，恋爱大概也就没有味道。可是，年轻人，我怎么发现你对失恋的投入甚至比恋爱还要多呢？

失恋者：到手的葡萄给丢了，这份遗憾，这份失落，您非个中人，怎知其中的酸楚啊！

柏拉图：丢了就丢了，何不继续向前走去，鲜美的葡萄还有很多。

失恋者：踩上她一脚如何？我得不到的，别人也别想得到。

柏拉图：可这只能使你离她更远，而你本来是想与她更接近的。

失恋者：您说我该怎么办？我可是真的很爱她。

柏拉图：真的很爱？那你希望你所爱的人将来幸福吗？

失恋者：那是自然。

柏拉图：如果她认为离开你是一种幸福呢？

失恋者：不会的！她曾经跟我说，只有跟我在一起的时候她才感到幸福！

柏拉图：那是曾经，是过去，可她现在并不这么认为。

失恋者：这就是说她一直在骗我？

柏拉图：不，她一直对你很忠诚。当她爱你的时候，她和你在一起，现在她不爱你了，她就离去了，世界上再没有比这更大的忠诚。如果她不再爱你，却还装作对你很有情谊，甚至跟你结婚、生子，那才是真正的欺骗呢。

失恋者：可我为她所投入的感情不是白白浪费了吗？谁来补偿我？

柏拉图：不，你的感情从来没有浪费，因为在你付出感情的同时，她也对你付出了感情，在你给她快乐的时候，她也给了你快乐。

失恋者：可是这多不公平啊！

柏拉图：的确不公平，我是说你对所爱的那个人不公平。本来，爱她是你的权利，但她爱不爱你则是她的权利，而你却想在行使自己的权利的时候剥夺别人行使权利的自由。这是何等的不公平！

失恋者：可是您看得明白，现在痛苦的是我而不是她，是我在为她痛苦！

柏拉图：为她而痛苦？她的日子可能过得很好，不如说你为自己而痛苦吧。

失恋者：依您的说法，这一切倒成了我的错？

柏拉图：是的，从一开始你就犯了错。如果你能给她带来幸福，她是不会从你的生活中离开的，要知道，没有人会逃避幸福。不过时间会抚平你心灵的创伤。

失恋者：但愿有这一天，可我的第一步该从哪里做起呢？

柏拉图：去感谢那个抛弃你的人，为她祝福。

失恋者：为什么？

柏拉图：因为她给了你寻找幸福的新机会，祝福她等于祝福你。

柏拉图的人生智慧告诉我们，在爱情的旅程中，艳阳高照、鲜花盛开的景象不会天天有，也同样有夏暑冬寒、风霜雪雨。恋人们面对生活中的一些小矛盾，如果能学会宽容和忍让，理性地

111

面对情感中的挫折，你就会发现，痛苦真的没有价值，快乐和幸福其实就在你的身边。

爱情是美妙的，它是叹息吹起的一阵烟，恋爱中人的眼中有它净化了的火星，情人的眼泪是它激起的波涛。爱情又是最智慧的疯狂，是哽喉的苦味，是吃不到嘴的蜜糖。情感挫折的发生不可避免，太过于相信自己的直觉并不是一件绝对好的事情，恋人在冲动的时候所做的决定往往会导致自己后悔。所以恋人间的三思而后行，是他们在面对感情上的挫折时必须学会的事情。

当我们的感情受到挫折的时候请记住：人可支配自己的命运，同样可以支配自己的情感，只要我们坚定对爱情的执著信念。假如我们受制于人，让情感挫折随意左右我们的爱情信念，那错误不在命运，而在于我们。如果你认为一份感情已经离你远去，那就请你记住，当我们还找寻不到幸福的时候，我们绝不应该离痛苦太近。

幸福悟语

情感可以产生巨大的力量，可以助人达到事业辉煌，也可以摧毁一个人的生命。对情感的信念可以助人成功，情感的挫折也可以毁灭一个人。情感，一旦如同炭火燃烧起来，我们就得想办法叫它冷却。如果让它任意燃烧着，那就会把一颗心烧焦。在那灰暗的日子中，不要让冷酷的命运窃喜；坚定我们的爱情信念吧！命运既然带给我们挫折，就应该用处之泰然的态度对待它。

丢掉情感垃圾，轻装上阵再出发

在情感中摔跟头，犯错误，这并不可怕，可怕的是舍不得放弃。驻足于你砸的这个坑前，忘记了前行或是不敢前进。不要总是去"欣赏"这个坑，不要总是把遗憾挂在嘴上。人生总有这样那样的数不清的遗憾，这才是人生的魅力。丢掉那些不值钱的情感垃圾吧，不要让自己长期深陷痛苦当中，轻装再上阵你会获取很多。回头看的时候，你会发现，十全十美的人生也许就是当初你感觉最没意思的人生！

情感的痛苦甚至比肉体的痛苦更加折磨人，会让人的挫败感更加强烈。而每一个人走向独立也就是在情感痛苦的基础上，得到了成长，得到了领悟。

那些令人难忘的情感，也许你真的很难忘。或许它们就是一些情感垃圾，背负太重会拖累人们的继续前行。那些曾经惊天动地的感情，浪漫的片段，毕竟是曾经。人生路漫漫，遥不可望。我们要卸下情感的包袱，轻装上阵继续前行，去放眼未来，才可以在赶路的同时，去回头看看。自己在心里想想，是什么原因，那些人没有陪伴自己继续赶路。分析出原因，我们可以去改正，丢掉那些失意的回忆，丢掉那些情感垃圾，以避免那些错误发生。就算是你伤害了某人，或者某人伤害了你。又怎么样呢？伤害你的人帮助你成熟。被你伤害的人，你使对方成熟。分析你们分手的原因，一定要理智、客观。只有这样，你才能脱离失恋的阴影，丢掉情感的垃圾，你才会知道自己下一份情感该怎么处理。

丢掉了一份情感，绝对不能失去对生活的判断，也绝对不能丧失对真情的期待和向往，不能因为对方的"不选择"而对自己的幸福来一个全盘否定。陶渊明说："悟已往之不谏，知来者之可追。实迷途其未远，觉今是而昨非。"用今天的眼光和标准去判断昨天的事，就会发现诸多问题。有些遗憾可能还能弥补，而有许许多多的遗憾永远无法弥补。过去终成了历史，不必总是沉迷于痛苦之中。

既然痛苦的事情已经过去了，就让它随风而逝吧，丢掉从前的种种，放宽心态，遥望远处，也许有人正在等你继续走完人生路呢！而那个曾经的她或他，最终也会找到陪伴他们继续前行的人，大家都在往前走，只不过在岔路口分开罢了。衷心地祝福对方，去祝福使你成熟的她或他，祝福他们前方路走得平坦些，因为在你这里，曾经跌倒过！可都好不容易爬起来了，就不必再次跌倒了。

丢掉情感垃圾后，我们要做的就是憧憬了，继续憧憬以后的生活，特别是在我们认知了自己是怎样的人以后，更加要期待明天。正如歌曲所唱的"我不再轻许诺言，不再为谁而把自己改变，历经生活试验，爱情挫折难免，我依然期待明天"。

一个痴情的女孩，从初中开始起，就和班里的一个男同学好上了。大学毕业以后，她如愿回到了家乡，和他的关系也得到了两家大人的一致认可，未来的日子仿佛已经铺陈开来。可有一天，他们分手了，只因他始终不愿意结婚。失去母亲、渴望一个家庭的她甚至说那不结婚先订婚也行，对方不语。她说那如果订婚都不行的话就分手吧，对方沉默。

在那失恋的日子里，她有些魂不守舍，眼神都有些呆滞。不过，除了天天和朋友出去排解寂寞，她同时也积极地尝试其他关系的可能性，而没有在痛苦里故步自封。于是，现在的她，已经有了一个幸福的家庭，有疼她的老公和健康的宝宝。

而另外一个女人，经人介绍认识了一个帅气的小伙子。他们在相爱的时候，看对方的眼神都会变得温柔。结婚顺理成章，日子却总是有些不快。在爱的激情背后，双方性格的矛盾日益突出，对于能干的她，老公还总是有诸多挑剔。对于只想过简单日子的她，却总是要担心老公不知道什么时候又会突然发火。

经历了长久的挫败和抑郁之后，离婚是"水到渠成"，可突然那男人反悔了，原因是按照协议他拿了房子应该归还她10万块钱，可他说没有这钱。她问："那如果我不要这些钱的话，是不是你就同意离婚了？"对方说："是的。"她说那好吧，她净身出门。离婚后的孤独和压力她都坦然面对，偶尔实在扛不下去了就自己干掉半瓶红酒然后一觉睡到天亮，只是醒来以后照常生活。终于，现在的家庭有了能让她体会到"安定"的感觉。

四、情路艰辛并不可怕——爱往往会在拐弯儿处等着你

115

故事里两位平凡的女性让我们不得不佩服,尽管她们都很普通,也曾经遭受挫折,但她们都有很朴素的生活智慧。用日复一日的克制和冷静对付心碎,久而久之,坚持下来,她们不但把原来的悲伤甩在脑后,而且还收获了不错的新果实。

有些事情不值得你去痛苦,或许你很聪明,也很漂亮,但是说到底,在面对别人和他们的生活的时候,你只能算是"另外一个人"。你真正能够摆平的,不是世界,更不是他人,只有你自己。而实际上,当你在改变自己的时候,你或许会忽然发现,世界和别人不知不觉已经是你原来希望的模样了,所以说,改变自己远胜于改变他人。

情感中的矛盾和纠纷说不清谁对谁错,恋爱中的人需要的是相互的理解和包容。事实上,性格再好的人,在爱情中也有让人无法忍受的一面。在经历了风雨之后,你能否不被风雨所干扰,能否坚持自己内心的从容与勇敢。深爱的对方离开了你,你能否将这种爱转化为一种默默的爱,而不是不平衡,更不应该是恨。并且,真正的爱需要宽容,我们应该以"责人之心责己,以恕己之心恕人",将情感的负面垃圾统统丢掉。宽容,会让自己的路更宽广,你的人生也会别有一番滋味。

摒弃情感的痛苦吧!爱情只是人生过程中诸多重要事情中的一件,而不是全部。情感的苦痛或许是你生命中的情感垃圾,背负太重会影响我们的生命质量,只有勇敢地卸下包袱,我们才会走得更远。同时,爱与被爱同样需要能力,也是需要通过学习来提高的,这种学习将使你的心智更加成熟、人格更加健全。那时，你的经营爱和把握爱的能力会更强，也会收获真正属于你的爱。我们要及时调整自己，走出情感的旋涡，不必再折磨自己和折磨对方，与其相互折磨，不如提高自己爱的能力，将来或许有一天这份爱会不期而至地回到你的身边。

幸福悟语

世上没有清除情感伤痛的良药，我们只能期待时间来抚平伤痛；但我们还可以积极地行动来保持自信和尊严，减少自我伤害，继续往前走！如何早日抚平情感的伤痛？我们可以乐观地看待事件，转移注意力，或用倾诉、多想对方的不好等方法丢掉情感垃圾。我们不妨在伤痛的时候微笑、美丽着，这种美丽才是长久的幸福！

洒脱些吧，痛苦与快乐是相对的

挫折作为一种情绪状态和一种个人体验，各人的耐受性是大不相同的。有的人经历了情感的挫折，能够坚韧不拔，百折不挠；有的人稍遇情感的挫折便意志消沉，一蹶不振，甚至痛不欲生。有的人在生活中受多大的挫折都能忍耐，但却不能忍受情感上的失败；有的人可以忍受工作上的挫折，却不能经受情感中的不幸。洒脱些吧，情感只是生活的一部分，要知道，情感的痛苦和快乐是相对的！

在情感的世界里活得太累，有些时候我们会禁不住会发出这样的感叹，那些不顺心的日子，我们也总感觉活得真烦。为何会遭遇那么多情感的苦痛呢？在寻找了千百种理由之后，人们蓦然回首曾经走过的那些岁月，就会惊奇地发现，其实生活赐予你的，并没有与他人有什么的不同，呈现在每个人视野里的生活其实都一样，不同的仅仅是我们的胸襟是否"坦然"。情感世界里的痛苦和快乐其实是相对的，坦然一些，生活就会变得简单。

其实，当人们身处情感的顺境时，尤其是在春风得意时，一般很难会料想到情感也会有痛苦的一面。唯有当遇到挫折后，才会反省自身，才能弄清如何去面对情感的波澜，才能调整自己的理想、需要同现实的距离，这就为其克服自身的弱点和不足、调整自己的理想和需要提供了最基本的条件。因此，情感的痛苦和挫折是人生的催熟剂，经历挫折、忍受挫折是感情成熟的一门必修课程。人们应当更加珍惜情感带给他们的快乐和幸福。

他是搞研究设计的工程师，她是中学毕业班的班主任老师，两人都错过了恋爱的最佳季节，后来经人介绍而相识。没有惊天动地的过程，平平淡淡地相处，自自然然地结婚。

婚后第三天，他就跑到单位加班，为了赶设计，他甚至可以彻夜拼命，连续几天几夜不回家。她忙于毕业班的管理，经常晚归。为了各自的事业，他们就像两个陀螺，在各自的轨道上高速旋转着。

送走了毕业班，清闲了的她开始重新审视自己的生活，审视自己的婚姻，她开始迷茫，不知道自己在他心里有多重，她似乎不记得他说过爱她。一天，她问他是不是爱她，他说当然爱，不然怎么会结婚，她问他怎么不说爱，他说不知道怎么说。她拿出写好的离婚协议，他愣了，说，那我们去旅游吧，结婚的蜜月我都没陪你，我亏欠你太多。

这对夫妻就去了奇峰异石的张家界。飘雨的天气和他们阴郁的心情一样，走在盘旋的山道上，她发现他总是走在外侧，她问他为什么，他说路太滑，他怕外侧的栅栏不牢，怕她万一不小心跌倒。她的心忽然感到了温暖，回家就把那份离婚协议撕掉了。

在情感的世界里，互相的冷淡让彼此间感觉很痛苦，甚至感到婚姻很失败，简直就要走到尽头了，但很多时候，爱是埋在心底的，尤其是婚姻进行中的爱，平平淡淡，只要细心地相处，快乐就会随时回到彼此的身边。这种爱情说不出来，但却真实存在。婚姻中的爱情，痛苦与快乐是相对的。

他和她都是普通工人，彼此的工资都不高，但是足够生活。丈夫很普通，妻子却很漂亮，也很聪明伶俐，招人喜欢。

由于彼此都很有时间，他们每个月或是出去看场电影，或是去逛逛公园，间或出去吃顿晚餐，生活过得也很浪漫。只要妻子想，丈夫就陪着。什么事都顺着妻子，只要妻子高兴，只要条件允许，从来不说半个"不"字，好像从来就没有自己的想法。一次，他们出去吃晚饭，妻子让丈夫点菜，丈夫说，点你爱吃的吧，妻子有点生气，你就没一点自己的主见！是不是有点窝囊！丈夫愣在了那里，叹了口气：我只是一个普通的工人，不能给你宽敞的住房和漂亮汽车，我只想在自己"能"的范围内，给你最好的。

妻子听罢感动地说："我并不要求那么多，只要我们幸福快乐就是最大的满足了。"

物欲横流的世界，让情感变得十分沉重，让婚姻中人无法洒脱地去勇敢面对。世界上有卑微的男女，却没有卑微的爱情。物质的贫乏也许会令人们感到暂时的痛苦，但彼此真心地付出和关照，却是人生最幸福快乐的事情了。爱对方，就给对方最好的，也许这也该算是婚姻的真谛吧。

情感世界的洒脱，要求人们有一颗懂得真爱的心灵，接纳痛苦也就会迎接幸福。没有比较，就显不出长处；没有欣赏的人，云雀的歌声也就和乌鸦一样。多少事情因为逢到有利的环境，才能达到尽善的境界，博得一声恰当的赞赏。爱是亘古长明的灯塔，它定睛望着风暴却不为动，爱就是充实了的生命，正如盛满了酒的酒杯。

爱对方的时候你要全力以赴，倾心付出，如果爱情里出现使你不可克服的痛苦和烦恼，及时终止错误是最佳选择。我们不赞成那种一旦承诺便死扛的做法。如果那样，情感的痛苦会冲击情感带来的快乐。就算婚姻可以维持，貌合神离、同床异梦会给两个人带来持续的伤害。有了错就得承担，这样才会减轻情感带来的苦痛，这是何时何地都行得通的道理。世界总是公平的，电脑游戏中的策略错误带来的结果无非是重来一盘，而爱情和婚姻是不可逆转的单行线，痛苦和快乐是相对的，错误必然会受到惩罚，无非是早或晚而已。

情感的世界里，我们不必去计较，更不必去埋怨。只有洒脱地生活，默默地理解和关心，才会赢得情感的快乐。我们唯一应该做的是，当我们必须去面对他们的时候，奉上我们的真心只有这样才能显示出我们博大的胸襟。

幸福悟语

生活里是没有旁观者的，每个人都有一个属于自己的位置，只要明了情感的痛苦和快乐是相对的，每个人都能找到一种属于他们自己的精彩。

四、情路艰辛并不可怕
——爱往往会在拐弯儿处等着你

摒弃猜疑，给生活加点情趣

情感的痛苦令人心碎，也许你在追求对方的过程中一波三折，也许当一方再遇到昔日的旧情人的时候你的内心会十分不悦。但是不要就此产生猜忌，因为对方已经成为你生命中最重要的一部分了，你们必须相互信任才能走得更加长远。从痛苦的泥潭中挣脱，就应该有豁达的胸怀，这一点在对待爱人的时候尤为重要。

婚姻痛苦的根源就是夫妻双方缺乏必要的信任与尊重，猜疑让原本幸福快乐的情感世界布满了阴霾。夫妻之间一旦缺少了基本的信任与尊重，家庭裂痕就容易出现，两个人的婚姻也就没有幸福可言了。因此，夫妻间缺乏的是彼此用真心对待对方，将痛苦踩在脚下，营造心有灵犀的幸福。

俗话说，幸福的家庭都是相似的，不幸的婚姻各有不同。信任固然是家庭幸福、夫妻关系融洽的基础，但如果没有爱心和责任心，那么再美满、再幸福的家庭也经不起风吹浪打，那将是最令人痛心的事情了。只有在相互信任的基础上，对爱人倾注爱心和关心，对家庭树立亘古不变的责任心，夫妻双方用真心对待，才是婚姻保鲜的根本所在。

将婚姻的痛苦消除，需要夫妻双方互相理解，心存"心有灵犀"的感觉。真心相爱的夫妻，一方在心理和情感上有变化，另一方总会或多或少有所察觉，继而过问和关注。智慧且深爱对方的男女，会将夫妻中任何一方细微的情感及时发现并消灭在萌芽状态。心有灵犀是一种彼此付出真心的默契，摒弃猜忌，给生活加点情趣，你的婚姻不会失败。

有这样一个真实的故事：有一位丈夫发现妻子有个抽屉老锁着，很不放心，于是设法背着妻子打开抽屉，见里面放着一封信，是一位男人写的，语言相当亲密，看来彼此关系远非一般。他万万没有想到自己的爱妻竟然瞒着他干这样可耻的勾当，气得如同一头狂怒的野兽，当晚就把妻子给掐死了。不久，他妻子的朋友——一位伯爵夫人来他家，说是曾委托他的妻子存放一封密信，现在要取走。这下他才明白真相：那些信不是写给他妻子的。他错怪了妻子，悔恨莫及。

莎士比亚的名剧《奥赛罗》中描写了国王的女儿苔丝德蒙娜冲破家庭和社会的重重阻力，同奥赛罗这样一个出身卑贱、肤色黝黑的将军结婚。婚后的生活十分美满，然而，奥赛罗部下一个军官尼亚古出于卑鄙自私的目的，编造谣言，制造陷阱，挑拨他们的夫妻关系，使奥赛罗对忠诚纯洁的妻子产生了猜疑之心，在一个漆黑的夜晚竟用被子把苔丝德蒙娜活活闷死了。后来，奥赛罗知道了事情的真相，追悔莫及，自刎于妻子身旁。

这两个悲剧故事揭示了因猜忌引发的痛苦，故事都是因为一

四、情路艰辛并不可怕——爱往往会在拐弯儿处等着你

方的猜忌，最终以悲剧收场。细细想来这又何必呢？在事情没有弄清楚之前，就凭着自己的感觉妄下决断，这是婚姻中的人经常容易犯的一个致命错误。他们对爱人不放心，营造不起心有灵犀的信任感来，没有用真心对待对方。可悲的是，这种低级错误却经常发生在世界上的无数个角落。

轻信传言也是痛苦的根源之一，不少猜疑都是由别人的闲话引起的。莎士比亚的名剧《奥赛罗》中的主人公之所以最终会害死自己曾经深爱过的妻子，就因为他的部下向他活灵活现地描绘了他妻子偷情的经过。其实，这完全是一种陷害。因此，为了减少不必要的痛苦，对于别人的闲话要分析。应该看到，生活中"长舌妇（夫）"确实有，即使有些亲朋好友出于好心，向你通报你爱人的外遇情况，也不能一听就信，因为很难保证这些情况中没有失真的成分。

婚姻中痛苦的事情之一，就是别人的背叛，尤其是自己的爱人对自己的背叛，但是我们同样应该意识到，不是每一个人在面对别的异性诱惑的时候都是那么柔弱而多情。当婚姻关系成立以后，我们首先要做的就是相信彼此，试想一下有一天，自己的爱人莫名其妙地质问你对她的忠贞，你会不会同样对对方的无理取闹心生不满，甚至大发雷霆呢？所以，就算我们对一些事情有了自己的一种敏感的直觉，也不要在没有任何凭据的情况下和爱人发生争执，与其相信对方做了背叛你的事情，不如相信对方是一个始终爱你的人。这就是我们维系爱人和感情的一门学问，要想在这条婚姻道路上走得更长久、更和谐，我们必须学会信任对方，信任让爱人之间心有灵犀，更有默契感。

他和她青梅竹马，相互熟悉得连呼吸的频率都相似。时间久了，婚姻便有了一种沉闷与压抑。她知道他体贴，知道他心好，可还是感到不满，她问他，你怎么一点情趣都没有，他尴尬地笑笑，怎么才算有情趣？

后来，她想离开他。他问，为什么？她说，我讨厌这种死水样的生活。他说，那就让老天来决定吧，如果今晚下雨，就是天意让我们在一起。她看了看阳光灿烂的天空说，如果没下雨呢？他无奈地说，那我就只好听天由命了。

到了晚上，她刚睡下，就听见雨滴打窗的声音，她一惊，真的下雨了？她起身走到窗前，玻璃上正淌着水，望望夜空，却是繁星满天！她爬上楼顶，天啊！他正在楼上一勺一勺地往下浇水。她心里一动，从后面轻轻地把他抱住。

婚姻是需要一点情趣的，它就犹如沙漠中的一片绿洲，让我们疲劳的眼睛感到希望和美，适当地给"左手"和"右手"一种新鲜的感觉吧。

在婚姻生活中，我们应该克服自己的不良心理，去掉彼此间的猜疑，给生活加点情趣，生活就会更美好。记住以下几点，也许会为改善你的生活提供有益的帮助。

1. 绝对不可以唠叨。唠叨让爱人心生猜忌，让情感世界里情趣味道丧失。怎么样避免为你的婚姻挖掘坟墓，将自己埋入痛苦之中。在爱情中，魔鬼为了破坏爱情而发明的一定会成功而恶毒的办法中，唠叨是最厉害的。它永远不会失败，就像眼镜蛇咬人一样，总具有破坏性，总是会置人于死地。因此，如果你想要维持爱情以及家庭生活的幸福快乐，就不要唠叨。

2. 不要擅作批评。詹姆斯曾经说："和别人相处要学的第一件事，就是对于他们寻求快乐的特别方式不要加以干涉，如果这些方式并没有强烈地妨碍到我们的话。"批评是婚姻痛苦的原因之一，权威人士桃乐丝·狄克斯通过研究宣称，50%以上的婚姻是不幸福的，许多浪漫的梦想之所以破灭在雷诺（美国离婚城）的岩石上，原因之一就是生活里充满了太多毫无用处却令人心碎的批评，让人们无所适从、心力交瘁。

3. 情感世界里，做事不能想当然。想法太主观也会让人陷入痛苦。一些人在婚姻生活中之所以常产生猜疑心，一个重要的原因就是思维方法上主观臆想的色彩太浓，无根据地加强心理上的消极自我暗示。这自然是不好的。解决的方法也简单：那就是多和对方交流思想，交心才能知心。人们常说："长相知，才能不相疑；不相疑，才能长相知。"这句话是很有道理的。夫妻间只有做到襟怀坦荡，开诚布公，才能相互信任。有了这个牢固的基础，主观色彩很浓的猜疑心自然会烟消云散。

情感世界里的矛盾冲突总是有原因的，遇事我们要冷静分析，切不可意气用事。人们在猜疑的时候，往往容易被封闭性思路所支配，做出错误的判断。此时，自己绝对需要冷静克制。要多设想几个对立面，只要有一个对立面突破了封闭性思路的循环圈，你的理智就可能及时得到召唤；冷静分析以后，仍然难以解除猜疑，那就应该放下那些不值钱的面子，及时与对方交换意见，开诚布公地听听对方的解释。有猜疑又长期闷在心里，就会越想越气，爱人却感到莫名其妙，结果既解决不了问题，于人于己都不利，还可能使矛盾进一步扩大甚至恶化。

总之，婚姻的痛苦让人心力交瘁，而婚姻生活是由信任组建起来的，彼此用真心经营婚姻才会让婚姻更加幸福。夫妻双方彼此多一些信任，少一些猜忌，对方一定会被你的这一行为感动，更加地严于律己。对你心爱的她多一些体贴，少一些质问，你们的生活会更加和谐温馨。好好地珍惜现在吧，如果你爱你的爱人，就一定要信任对方。

幸福悟语

两个人走到婚姻这条交叉线上真的很不容易，用彼此的真心才能消除痛苦，找到幸福。有一点必须要强调，爱是需要真诚和信任的。当你用一颗简单而真挚的心去面对对方的时候，相信对方的心里也不会再容纳其他的人。不管什么时候，都要提醒自己，你们是夫妻，你们之间没有猜忌，你们将会是执子之手、与子偕老的天造地设的一对。

四、情路艰辛并不可怕
——爱往往会在拐弯儿处等着你

痛苦和失败，是因为我们误解了爱情

　　世间哪有完美无缺的东西，知晓这个道理，就会为我们的痛苦释然。我们不能够误解爱情，一个微小的瑕疵其实更能够反衬出整体的美丽，关键是人们的眼光聚集在哪儿：如果盯住瑕疵，便是满眼鄙陋；假如看的是整枝玫瑰，则是满眼美丽。好比婚姻，人们若总是陷在琐碎的家务和偶尔的争执与不顺心中，怎能静得下心来体味婚姻的幸福，更不会领略夫妻间脉脉的关爱和孩子为生活带来的快乐。

　　易陷入情感世界不能自拔的人，总以为爱情会很美好的，于是就沉浸其中，忘记了走脚下的路，直至产生了痛苦和失败，终于还是开始责怪爱情了。爱情像一片海，有些人只在海里畅游，却忘记了需要方向，于是终于还是迷失了，想逃也逃不掉。

　　在情感的世界里，爱情绝不是一个人的事，我们都有必要去在乎对方的意愿。许多无知少女少男对美好爱情充满憧憬，为了爱，他们可以什么都不在乎，家人、朋友甚至都可以抛弃。若干年后，他们品味着所谓爱情带来的苦痛和伤悲，开始不相信爱情了。很多曾经青春年少的人们任性过，误解了爱情。但现实是残酷的，回首时候只觉得最对不起的就是亲人和朋友，于是，又急忙拾起那些曾经丢失的东西，急忙弥补自己的过错。在经历了情感的苦痛后，人们感觉到了一种责任。所以，误解爱情之后，人们明白对待爱情需要理智，不要再任性。

面对裸婚一族，很多人经常语含同情地问他们：这样的生活，你们觉得幸福吗？而每一次，他们都会用微笑作答。因为，他们的幸福只有自己明白。很多人误解了爱情，以为爱情就是有车有房，是物质上的现实，宁可追求"坐在宝马车上哭"的"爱情"，也不会去尝试"坐在自行车上笑"的"爱情"，一旦被误解了的爱情就不再那么快乐和单纯，苦痛和失败也将会伴随着他们走过生活的每一天，这样是非常令人痛心的。

这日是她的生日，他送给她一枝水晶玫瑰。那是一枝由红、白、绿三色水晶精制而成的玫瑰，乍一看，像极了真的，拿在手里，便有一种温润如玉的感觉。因为这枝水晶玫瑰，那个生日她比以前任何一个生日都快乐。但是后来，她却发现这枝玫瑰碧绿的叶片背后，有一点针眼儿大小的瑕疵，从此对这枝玫瑰竟有了一种憾然的感觉，每次拿起时，目光总是不由自主地投射到那点瑕疵上去，即使偶尔想起，也总是被深烙在印象中的那点瑕疵败坏了整体的感觉。"白玉微瑕"，她现在终于体会到这个词语的精妙了。后来她干脆把那枝水晶玫瑰深藏在箱底，不去看它，也不去想它。光阴荏苒，结了婚，生了孩子，一晃五六年过去了，琐碎的家务、紧张而烦琐的工作、夫妻间偶尔的争吵……原来结婚以后竟有着许多的不顺心，她渐渐感到了乏累，也常常抱怨自己的婚姻。

四、情路艰辛并不可怕——爱往往会在拐弯儿处等着你

有一日，多年不见的闺中密友远道而来登门拜访，两人有着说不完的话，她欲翻出相册来与密友共忆从前的时光，忽然密友看见了那枝水晶玫瑰，便啧啧惊叹："好漂亮的玫瑰！"她却淡淡地说："叶背上有个瑕疵，可影响感觉了。"没想到密友却说："世间哪有完美无缺的东西，一个微小的瑕疵其实更能够反衬出整体的美丽，关键是你的眼光聚集在哪儿，如果盯住瑕疵，便是满眼鄙陋，如果看着整枝玫瑰，则是满眼美丽。就像婚姻，你若老陷在琐碎的家务和偶尔的争执与不顺心中，又哪还会静得下心来体味婚姻的幸福，哪能领略得到夫妻间脉脉的关爱和孩子为生活带来的快乐……一番话仿佛道破了婚姻的玄机，她忽然发现，原来婚姻里所有的痛苦，其实只是因为自己的眼光看错了位置，恰如自己看错了那枝水晶玫瑰。

这则故事里，女主人公只盯住了玫瑰的瑕疵而令自己痛苦、受累，其实她误解了爱情。没有绝对完美的爱情，也没有绝对完美的恋人，只要纵观全局，美好的事物还是占主要方面的，痛苦和失败毫无意义。

我们不要丧失爱的信心，这个世界上重情重意的好男女还是很多的，否则我们就没有办法去解释怎么那么多夫妻那样恩爱，那么多家庭那样幸福、美满。因此，我们要想走出往昔的情感误区，就要敞开心扉，勇敢地面对爱，敢于去爱，敢于接受爱，用爱来温暖冰冷的心，用情来医治过去的痛苦创伤，尽快从爱的失败阴影中走出来，创造和享受爱的幸福。

一个美国囚犯，在高墙里已经待了快10年。他可以在规定的时间与外界通话，可是他不知道可以打给谁，因为那些曾经熟悉的号码，要么改号，要么关机，几乎都不再答理他。

有一天他试着拨了一个朋友的号码，那边传过来的是个女声，显然是打错了。可是，他舍不得挂，那声音轻轻柔柔的很好听，他就这么呆呆地听了一会儿。

挂了电话后，他竟然对那声音魂牵梦萦。下一个时间，他鬼使神差地又拨通了这个电话。

这回姑娘恼了，请他别再骚扰，当即挂断。他再拨，不接了。

也算是他运气不错，有一天他实在忍不住又迟疑地拨过去，而那天姑娘正好因业绩优秀加了薪，心情很好，就与他聊上了。直聊到他说：对不起我时间到了，电话断了。

"时间到了"是什么意思？姑娘很好奇啊，有意无意地发现自己竟然在等那个神秘的电话。再次通话，他就坦诚地对她说了自己的一切。他并不想要怎么样，只想听听她的声音，仅此而已。

她是个善良的女孩，心想通电话并不是一件复杂的事，如果聊天能给高墙里的人一些帮助和鼓励，有什么理由拒绝他呢？

日子长了，她竟有些离不开这个电话，假如约定的时间没打来，她竟会魂不守舍。

她能理解个中缘由——他是全身心的，这年头，还找得着全身心的人吗？

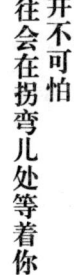

四、情路艰辛并不可怕
——爱往往会在拐弯儿处等着你

就这样她经常抽空去看他，等他减刑、出来，如今，他们已经组成幸福小家，有了孩子。而当初，周围所有人都说她疯了。除了感情，他有什么？太冒险了。而这位善良的女孩挽救了一个人，还为自己赢得了一个温馨的家庭。

这则故事里，善良的女孩帮助痛苦的人解脱出来，为其增添了幸福的光芒。见过很多钻石婚老人，当年一路风雨地过来，现在还一如既往地甜蜜。什么是浪漫？冒险就是浪漫。如今的年轻人都以为长辈的爱情平平淡淡无浪漫可言，没有现如今强烈的物质欲望，其实眼下很多婚姻才是最缺乏浪漫的，因为双方不敢为爱冒险。

现如今，有些不信任爱人的人这样说：恶俗蔓延的时代，真正的爱情是睡着的。爱情，同样被太多人误解。比如情人节必须送玫瑰与巧克力的爱情形式主义、"钻石是女人最好的朋友"的论断，"不离婚是为了孩子"的借口，在审美疲劳下的爱情虚无论，爱情矫饰症和恐惧症……生活在充满物欲、浮躁的环境中，只有坚持了解爱的真谛的人们，才会穿过各种匪夷所思的迷雾，坚持他们的那一份小小的真爱。

幸福悟语

爱情从来都是一种让人敬畏的力量。它可以被误解、被削弱、被怀疑、被嘲笑、被庸俗，但不能被磨灭。加缪说："爱，或燃烧，或存在，两者不能并存。"爱情无论燃烧或是存在，只要有爱，心怀美好向往的人们就会过好每一天，而不会让现实中的爱情变得脆弱。

摒弃冷漠，细心呵护你们的爱

冷漠的态度，会使你们的爱情之花枯萎。恋人间产生矛盾，动辄就把对方的电话删了，但心里还是期望把彼此的事情记在日记本里面；恋人只是想让爱悄悄地来，还让它静静地走。是不曾爱过，还是冷漠毁了爱情？留住对于美好感情的呵护之心，拾起我们的细心和责任吧，相信幸福的甜蜜不久就会代替痛苦姗姗而来。

爱情从开始时候的热情到渐渐地荒芜，是冷漠让爱情之花断掉了养料。恋爱中人一方说不喜欢，另一方也好难过，明明彼此都喜欢对方，却都装作那么若无其事。可是，恋人在交往的过程中都是保持着一种莫名的距离。从未跨越过那道鸿沟，彼此之间都保持一份类似普通朋友纯真的友谊。彼此的内心都很恐惧，怕为对方付出越多，到时将会伤对方越深。

爱情是很复杂的情感，选择爱和经营爱更是很艰难的过程，再加上大家都很年轻，缺乏一些人生阅历，选择爱情和经营爱情都是摸着石头过河，难免会出现认识和选择上的错误，这都是很正常的，没有必要过多地自责，更没有必要用别人的过错来惩罚自己，将自己落入痛苦之中。应该正视自己的情感失败，认真吸取教训，在自省中看到自己的不足，在反思中成熟起来，为以后正确的情感选择和经营奠定思想和经验基础，这是我们必须要做的。

有一个女人总是抱怨婚后生活单调，没有丝毫乐趣而言。她平时除了喜欢养花，对家中的其他事情漠不关心，夫妻之间很少沟通，丈夫每天下班看电视，玩游戏，她则是睡大觉。她觉得日子乏味极了。

一天，她向一位女友倾诉了心中的孤寂和空虚。女友望着她养的菊花问她："这菊花开得这么鲜艳，你是怎么照料的？"她说："我除了按时浇水施肥，每年还给它们剪枝，换盆换土。天气好的时候，我就把它们搬到外面，让它们吸收阳光，遇到刮风下雨，我又把他们搬到屋里……"女友打断他的话又问："那么你为你的婚姻又做了些什么？"这句话使她陷入了沉默。

从此以后，她像呵护她的花朵一样照顾家庭的每一位成员，家庭中欢笑声多了，也更加幸福温馨了。

这则故事向我们揭示了情感生活如同花朵一样，需要人来细心呵护，你对它冷漠，幸福的花朵就会枯萎。冷漠给我们带来痛苦和伤心，这是很令人痛心的。多一点责任心，多点关心，生活就会别样不同。

在情感中我们不要怨恨，也不要抱着冷漠的态度对待离我们而去的人。如果对方感到我们已经不是对方的所爱，你不是对方所要选择的人生伴侣，在一起生活得不到对方所需要和追求的幸福、快乐，那么对方就可以做出自己的选择，这是无可厚非的，你应该理解和尊重他（她）的决定，多给予对方宽容和谅解。爱是自私的，也是伟大的，既然你爱对方，就应该以对方的幸福、快乐为自己的幸福、快乐，衷心祝福对方一生幸福、快乐，而不要去责怪对方无情无意。

有一天在回家的公车上，乘客很多。一对上班族男女在过道里站着。可能因为人多，男孩将手臂围挡在女孩的腰上，怕后面的人挤到了她，并轻声地问："婚房都准备好了，就差没买床了，你说什么样的好呢？"只见女孩不耐烦地回答："我已经够烦了，买床你自己先看好嘛，每次都要问我。"

男孩一脸无辜地低下头，尔后说了一段令人印象深刻的话："让你决定是因为希望能够陪你买你喜欢的东西，你之前说喜欢西格菲斯皮床，我想你今天有时间了我们一起去看看。然后看着你拥有满足的笑容，把今天工作中的不愉快暂时忘掉。"

女孩听后，满怀愧疚地说了声对不起。男孩这才似乎重燃信心般说："没关系，和你相遇不是用来生气的，只要你开心就好。"尔后亲吻了女孩头发。

公车到站，男孩牵着女孩的手下了车，汽车开动，男孩依旧小心翼翼地保护着女孩。

这则故事说得多好，"和你相遇，不是用来生气的"。感情世

四、情路艰辛并不可怕——爱往往会在拐弯儿处等着你

界里两个人能相恋，是多么来之不易的缘分，何苦要用生气让彼此陷入痛苦，去抹杀所有的幸福。即使当爱情面临小小的险阻，我们也不能冷漠，要心平气和地对待爱人，然后用爱和勇敢去化解，而不是用生气的方式来鲁莽对待。

我们不必将自己的思维逼进死胡同，大家也明知道是个死胡同，可还是一鼓作气、不依不饶地要往里面闯，就像一只扑火的可怜飞蛾，拼了命要在灯光那儿折腾，这是自找的痛苦。恋人中人尽管知道这是自我折磨，但是他控制不了自己。每天被这样的念头纠缠，不痛苦才怪。

看待爱情的眼光不同，角度不同，投射到我们心底的幸福感也就不同。每个人都有自己的生活方式，贫穷还是富裕并不是问题的关键，重要的是这种生活方式是否适合自己。我们不要误解生活，生活就好比穿鞋，合脚才是最重要的。摒弃了痛苦，我们就能满足生活赐予我们的这双"鞋"。

我们需要找寻一个安放心灵的地方，可以畅所欲言，说出自己的情感困扰。摒弃冷漠，积极地去咨询专业人士，让专业人士帮助自己做出正确理智的选择。为我们那些无处安放的情感，开发一片绿地，那是开满鲜花、充满香气的地方。在我们悲伤时、迷茫时、不知所措时、郁闷时，帮助我们梳理心中的情绪，做我们循循善诱的朋友，做我们清醒冷静的朋友，做我们找寻幸福的驿站。

幸福悟语

抛弃冷漠，细心呵护彼此的情感，把自己想象成对方，给自己一些理由选择继续和对方维持下去，期望回到最初的美好中去。如果真的覆水难收，就让自己真的忘掉内心的纠结。大凡抱着一颗爱心的人，就能细心呵护彼此的情感，希望你们的爱情之花越开越灿烂！

消除婚姻苦痛，给爱一个自由的空间

婚姻的痛苦是个极大的悲剧，本来婚姻的结合是因快乐而来。纵观古今中外的爱情故事和天南海北的夫妻关系，其中最重要的一个诀窍就是：留给对方足够的空间。多给对方空间就是多给自己空间，就是多给爱情空间，就是多给夫妻关系空间，这样的爱情才会是永恒的，这样的夫妻才能够白头偕老，这样的人才会消除婚姻中的矛盾，让人更幸福。

爱情是一门很高深的学问，夫妻关系更是一门重要的科学，在爱情与婚姻里找寻到幸福更需要高深的智慧。然而婚姻中的矛盾却不容忽视，处理不好将让婚姻变得生涩和痛苦。有些婚姻中

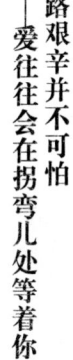

四、情路艰辛并不可怕——爱往往会在拐弯儿处等着你

人生性多疑，总抱着窥探别人的心理的人，有时，把别人当成自己的私有财产，霸占或占有的欲望过于强烈，这些不健康的心理更是滋生痛苦的根源。

虽然说爱情是自私的，但是它也需要给对方一段距离，过于近视，常会眩晕，看不清别人也看不清自己。距离，产生美，但也不是让你远得不可触及。所以，年轻人办事不可以太冲动，搞不清状况时不要轻易下结论。

很多人将自私的信念奉为终生的守则，扼杀了婚姻里双方的幸福人生，十分可惜。例如，"我属于你、你属于我"的概念，促使双方错误地以为有权利去要求对方对自己必须绝对坦白，有权利针对任何事情去盘问对方、取得任何资料。问题是，就算一个人愿意，恐怕他也无法将自己对任何一件事的认识、感受以及与其他人、事、物的关系完全说清楚。在很多关系里，就是因为这个错误概念而产生了冲突。我们可以去问任何两个和谐恩爱的夫妻，他们会告诉你，他们并不知道对方的很多事，也不知道对方对很多事情的看法和处理，他们是凭着对对方的信任维持美满的关系。我们绝对找不到一对能够真正彻底"完全坦白"的夫妻，因为就算他们愿意，事实上也很难做到。

请再看下面一则故事：

一个准备出嫁的女孩问自己的母亲：如何才能经营好婚姻？

母亲什么也没说，捧给女儿一把沙子。她要女孩攥住沙子，想办法让沙子留在手里的尽量多些。女孩拼命地攥紧这把沙子，结果沙子却从她的指缝间流掉了。母亲又给女孩一把沙子说："这次你尽量放松，不要攥得这么紧。"女孩照做了，结果留在手里的沙子比上一次多了好多。

这个故事告诉我们，对待婚姻的伴侣如捧沙子一样，你越抓得紧，就越是得不到对方，越让自己痛苦。所以放开一切，顺其自然，相信一切缘分都是注定的，至少你还留下一些很美的回忆。

纵使是热恋中的人，也不能不给对方留一点余地。一个人如果多疑，就不会赢得对方的尊重，又怎么能够将爱情持续到底？人和人之间需要最起码的尊重，不管是关系有多么亲密总要给对方一些空间。

生活里的每一份感情，不论是恋人关系或是夫妻关系，两个人必须是平等的，双方也必须是以平等的态度对待对方，只有这样才有基础去建立和谐美满的相处关系。凭着这个基础，幸福感才能建立起来。

爱的浪漫氛围是一份包括两个人的感情关系，构成单位当然就是两个"个人"。每一个"个人"都需要保持一些"个人"的不同之处。这是每一个人的权利，亦是人生的需要，就像每个人都需要呼吸的空气。所以，有足够的空间，以保持"个人"的不同之处，这是肯定每一个人"个人"地位的表现，是维持良好感情关系所必需的。足够的个人空间，对方需要，自己也需要，不能扼杀了对方的空间，也不能为了表示对对方的爱而放弃自己的空间。

在爱情与婚姻里，如果你不懂得尊重对方，那么你该如何去爱对方，又怎么去接受对方的爱呢？尊重恋人和伴侣的同时也是在尊重自己。我们常说要面子，其实面子是自己挣出来的，而不是别人给的。营造幸福的爱情，就需要彼此之间多留给对方足够的空间。要懂得一个道理，再美的天使也需要自由的天空。假如彼此之间没有互相的尊重，再美的爱也会将距离拉得更远。如果缺少信任，爱情将无从谈起，如果真的爱对方，就要绝对去信任对方，信任的同时也是在给自己增加一份自信心，无论因为何事而彼此猜疑，只能让爱情流产。缺少尊重，没有信任的爱情，是玩弄感情。发现你未知的幸福，在爱情与婚姻里，就从信任真爱开始吧！

幸福悟语

婚姻的痛苦多数是因为当事人不会经营，生活中的很多事情都是这样，往往抓得越紧，失去的可能性就越大。我们没有必要再去纠缠一些枝节小事，即使出现一些感情上的偏差，也要认真查找自己身上的缺点和不足，想办法改进自己以便增进双方的感情。人们往往认为，得不到的就是最好的，也是最令人痛苦纠结的，但为何不去珍惜你所得到的呢，要知道珍惜是摒弃痛苦的良药！

五、淡定的人生不寂寞
——给痛苦加点微笑的作料

　　有的人生活充满了奔忙，内心却很痛苦；有的人的生活简单，内心却很淡定。其实，我们没必要活得那么累，让幽默把心里的阴霾一扫而空，自己也会得到轻松。将痛苦踩在脚下，失败了就再重来一次，没有什么大不了啊！只有经历过失败的考验，人生才会更值得回味。

　　如果我们的人生缺乏淡定，缺乏对点滴幸福生活的追求，就让我们的生活多些微笑吧！让我们的人生因此不再寂寞。

抗争命运，强者从来不服输

人无法决定自己出生在什么样的家庭，但我们可以掌控外界的环境对自己的影响。正是很多人积极地与命运抗争，我们这个社会才飞快发展起来。因为，强者在痛苦和失败面前从来不服输。

人要掌握自己的命运，就先从了解自我、接纳自我开始。自悲自怜的人因为幼时的过分依赖父母和竞争中的过多失败，给自己下的结论是"你行我不行"，于是束缚自我，贬抑自我，结果增加了痛苦和焦虑，最终毁了自己。尽管自暴自弃的人不甘心说"我不行"，但却因为没有正确的方向，更缺乏能力来表现自己，最终放纵自我、践踏自我，结果是害人害己。自傲自负的人自命不凡、自吹自擂，但根本不认识自己，最终是欺人一时，欺己一世。自信自强的人非常清楚自己的动机和目的，正确估价自己的能力，充满自信，对他人也能深怀尊重，他们认为在知晓自己的前提下，没有什么困难是不可逾越的，于是走上了成功的康庄大道。

成功和失败从来都是相对的，而且常常会在一定条件下转化。一个苦命的人挑战命运，同样可以获得命运的青睐。

有一位穷困潦倒的美国年轻人，即使当他身上全部的钱加起来都不够买一件像样的西服的时候，仍全心全意地坚持着自己心中的梦想；即使遇到一次次的失败，他仍坚持不懈地追求自己的梦想，他最终取得了成功。

他出生在一个"酒赌"暴力家庭，父亲赌输了就拿他和母亲撒气，母亲喝醉了酒又拿他来发泄，他常常是鼻青脸肿，皮开肉绽。高中毕业后，他辍学在街头当起了小混混，直到20岁那年，有一件偶然的事件刺痛了他的心。"再也不能这样下去了，要不就会跟父母一样，成为社会的垃圾，人类的渣滓！我一定要成功！"他开始思索规划自己的人生：从政，可能性几乎为零；进大公司，自己没有学历和经验；经商，穷光蛋一个……没有一个适合他的工作，他便想到了当演员，不要资本、不须名声，虽说当演员也要条件和天赋，但他就是认准了当演员这条路！

于是，他来到好莱坞，找明星、求导演、找制片，寻找一切可能使他成为演员的人，四处哀求："给我一次机会吧，我一定能够成功！"可他得来的只是一次次的拒绝。"世上没有做不成的事！我一定要成功！"他依旧痴心不改，一晃两年过去了，遭受到了1000多次的拒绝，身上的钱花光了，他便在好莱坞打工，做些粗重的零活以养活自己。"我真的不是当演员的料吗？难道酒赌世家的孩子只能是酒鬼、赌鬼吗？不行，我一定要成功！"他暗自垂泪，失声痛哭。"既然直接当不了演员，我能否改变一下方式呢？"

五、淡定的人生不寂寞——给痛苦加点微笑的作料

他开始重新规划自己的人生道路，开始一心一意地写起剧本来。为了集中注意力，他干脆把窗户涂成了黑色。初步的练习是从看电视开始的，他看完一出戏，就去体味、吸取其中精华部分，然后写出同类型的一幕，作为练习。渐渐地，他知道了该怎样去创作一个剧本。那时，他写了一大堆剧本，也卖出去几部。有天晚上，他意外地看了一场电视直播的拳赛，由穆罕默德·阿里对一位名不见经传的拳击手查克·威普勒。这个威普勒在阿里的铁拳下居然支撑了15个回合，拳赛一结束，他就找到了创作新剧本的灵感。一年后，剧本写出来了，他拿着剧本四处遍访导演。当时，好莱坞共有500家电影公司，他再清楚不过了。他根据自己认真画定的路线与排列好的名单顺序，带着为自己量身定做的剧本前去一一拜访。但第一遍下来，所有的500家电影公司没有一家愿意采用他的剧本。

面对百分之百的拒绝，这位年轻人没有灰心，从最后一家被拒绝的电影公司出来之后，他又从第一家开始，继续他的第二轮拜访与自我推荐。在第二轮的拜访中，拒绝他的仍是500家。

第三轮的拜访结果仍与第二轮相同。这位年轻人咬牙开始他的第四轮拜访，当拜访完第349家后，第350家电影公司的老板破天荒地答应愿意让他留下剧本先看一看。

几天后，年轻人获得通知，请他前去详细商谈。就在这次商谈中，这家公司决定投资开拍这部电影，并请这位年轻人担任自己所写剧本中的男主角。这部电影名叫《洛奇》，这位年轻人的名字就叫史泰龙。现在翻开电影史，这部叫《洛奇》的电影与这个日后红遍全世界的巨星皆榜上有名。经过1849次失败后,史泰龙终于成功了。

史泰龙的事例再次证明了那句哲理:"失败是成功之母"。勇敢无畏地与命运抗争,你会跳出痛苦,走向成功。如果一个人在小失败后仍坚持不懈,他很可能取得小成功;如果一个人经历了大失败,但仍坚定意志去追求自己的目标,他就可能收获大成功。

艾得是一个很"普通"的人,14岁时因感染小儿麻痹症而致颈部以下瘫痪,只能靠轮椅才能行动,然而他却因此而有"不平凡"的成就。

他使用一个呼吸设备,白天得以过正常人的生活,但晚上则有赖"铁肺"。得病之后他曾好几度几乎丧命,不过他可从不为自己的不幸伤心难过,反而自勉期望能有朝一日帮助相同的患者。

人们很想知道他是怎么做的?他决定教育社会大众,不要以高高在上的姿态认为肢体残疾的人无用,而应顾及他们生活中的不便处。

在他过去15年中的推动下,社会终于注意到了残疾人的权利,如今各个公共设施都设有轮椅专用的上下斜道,有残疾人专用的停车位,帮助残疾人行动的扶手,这都是艾得的功劳。

艾得·罗伯茨是第一个患有颈部以下瘫痪而毕业于加州大学柏克利分校的高才生,随后他又任职加州州政府复建部门的主管，也是第一位担任公职的严重残疾人士。

上述故事里艾得的事迹是一个极佳的例子，说明了肢体上的不便带给他的痛苦并不能限制一个人的发展，他为残疾人争取到了很多的权利，让整个社会重视他们的存在，并且帮助他们在人生的道路上走好每一步。抗争，从来就是弱者蜕变为强者的有力武器。

我们不是非要出类拔萃才能摆脱痛苦，走向成功。看看我们周围的人吧，他们每天早出晚归，解决自己家庭成员们的温饱问题，他们的劳动报酬没有过多的剩余，可是一家人却是满足，已经觉得很快乐、很幸福了。在遇到一些意外问题的时候，尽管他们也会觉得彷徨无助，但他们每个成员都会竭尽全力来应付它。生活里这些普通的人们，是激励我们不断上进的楷模。

不受命运摆布，勇敢地与命运抗争，就能及早地从痛苦和失败中脱身。仅从一个人的经济能力上是无法衡量一个人是否幸福和成功的，所以，我们要做一个生活上的强者。

幸福悟语

没有优厚的经济能力，确实给我们的日常生活带来了很多不便之处。但即使有了丰富的经济条件，也不是什么问题都能轻松解决的。所以，我们要充分认识自己，勇敢地与命运抗争，去追寻我们想要的生活。

人生是海水，痛苦就是盐

人生漫长，困境是躲不开的。既然躲不掉，就权当它是我们人生海洋中的盐分吧！磨难会挫伤人，但勇敢的人会说："无所谓，正好把我锻炼得更坚强。"拍拍身上的土，继续奋斗向前，只有懦弱的人才会一蹶不振。如果失去了对美好生活的追求与渴望，也就失去了生命的意义。相信你一定是想做勇者吧！

人生的道路漫长而又短暂，充满危险而又富有趣味，长满了荆棘而又有丰硕的果实。痛苦犹如大海里的盐分，是很重要的分子。没有人不会遭遇磨难，遇到磨难逃避不是办法。我们不是只为自己活着，我们要相信磨难过后会活得更精彩，只有有信心才会赢，相信你也能的。

张爱玲说得好："人生像一袭华美的袍子，里面长满了蚤子。"我们的一生中，总是有数不尽的失败和痛苦，甚至是绝境。但往往有了这些让人躲也躲不掉，让人痛苦的磨难锻炼了一个人的意志，让他变得坚强和有韧性。

当我们喝完那沁人心脾的茶的时候，茶叶也就走到了生命的尽头。开始从茶树上摘下那翠绿翠绿的嫩叶，到被我们煮沸后扔掉，茶叶经历了多少折磨！经过无数次的烘烤、晒干、浸泡，最后才发出沁人心脾的茶的芳香。生命如同茶叶，只有经历了无数痛苦和困境，才会让自己的生命绽放出鲜艳的花朵。

鲁滨逊在经历了那种孤独与寂寞，经历了岛上无数的厄运，结果获得了一笔巨大的财富；唐僧师徒四人克服无数痛苦艰难，历尽千辛万苦，终于取得真经，修成了正果；贝多芬强忍病痛的折磨，终于谱写出了一首首不朽的乐章。磨难过后才会有成功，为什么我们因生活中的一点痛苦和失败怨天尤人呢？

司马迁在专心致志写作《史记》的时候，一场飞来横祸突然降临到他的头上。原来，司马迁因为替一位将军辩护，得罪了汉武帝，锒铛入狱，并遭受了酷刑。

受尽耻辱的司马迁悲愤交加，几次想血溅墙头，了此残生，但又想起了父亲临终前的嘱托，便又想要隐忍克制，完成著作，更何况，《史记》还没有完成，便打消了这个念头。他想："人总是要死的，有的重于泰山，有的轻于鸿毛，我如果就这样死了，不是比鸿毛还轻吗？我一定要活下去！我一定要写完这部书！"想到这里，他尽力克制自己，把个人的耻辱、痛苦全都埋在心底。司马迁点亮了案上的蜡烛，重又推开光洁平滑的竹简，在那昏暗的烛光下，在竹简下写下一行行工整的隶书。司马迁在这忽明忽暗的烛光下坚持写书，工作了多少个日日夜夜，但他不厌其烦，一如既往地认真著书。那一地稻草，一张案台，一支毛笔，一个砚台，不知伴他度过了多少年华，那星星烛火，卷卷竹简，也不知伴他度过了多少岁月，度过了几度春秋。他这么做，不仅是为了完成父亲的遗愿，也不仅是为了心中的鸿篇巨制——《史记》，更是为了能够给后人留下一些宝贵的文学财富、翔实可信的历史文献和充实学识的文书。为了心中的《史记》，他不论严寒酷暑，总是起早贪黑。夏季，每当曙光透过窗户照进室内，司马迁早早地就着朝阳的光芒，写下一行行隶书；无论蚊虫如何肆无忌惮地叮咬他，如何用刺耳的"嗡嗡"声刺着司马迁的耳膜，他总能毫不分心，在如此恶劣的环境下坚持写书。冬季，无论凛冽的寒风如何像刀子般刮在他的脸上，无论呼呼的北风如何灌进他的袖口，他总能丝毫不受外界干扰，坚持著书。

时光荏苒，司马迁发愤写作，用了整整13年的时间，终于完成了一部52万字的辉煌巨著——《史记》。这部前无古人的著作，几乎耗尽了他毕生的心血，可以说是他用生命著成了这部史书。

这个故事里，司马迁经受住了严酷的打击，在痛苦之中奋发写作，十几年的磨难铸成了他彪炳史册的史学著作，让后代人为之感动。虽然顺境能为我们事业的成功提供良好条件，但是逆境和苦难更能磨砺人奋发成才的意志，锤炼我们的心理承受能力。生命的每次起落都是一次进步，挫折来临一次，对人生的理解就会加深一层。苦难能锻炼人驾驭复杂的局势，应对各种局面的能力。不经历磨难和挫折，就不能体味出人生的酸甜苦辣；不经历风雨，难以长成参天大树，苦难是所大学，成功也只青睐百折不挠和顽强拼搏的人。苦难，为我们平淡的生活加了向上的作料，让生活变得更加有滋有味。

曾国藩对此深有感悟："吾平生长进，全在受挫受辱之时，

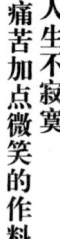

五、淡定的人生不寂寞
——给痛苦加点微笑的作料

打掉门牙之时多矣，无一不和血一块吞下。"受不了苦海中的颠簸，经不起挫折和失败的人，永无希望，永无前途。

人生充满了艰辛，磨难和痛苦就是人生大海里的盐分，不可缺少又让大海丰富多彩。苦痛让我们刻骨铭心，有句名言叫"自古雄才多磨难，从来纨绔少伟男"。做一个挑战痛苦的人难，只有百折不挠，才能拾级而上。因此，我们必须跨越炼狱，经受住痛苦的折磨，忍受住失败的考验，在荆棘丛中闯出一条生路，相信艰苦的跋涉，最后必能获得快乐和幸福。

幸福悟语

痛苦的磨难没人喜欢，但却为我们的人生加入了丰富的作料。但磨难对于天才是一块垫脚石，对强者是一笔宝贵的财富。人们遭受磨难是痛苦的，弱者对此灰心懊丧，强者坚强地站起来，抬起头顽强地往前走。挑战磨难，就是迎接希望；迎接希望，就是磨炼意志；磨炼意志，就是充实人生。人生的磨难不可避免，让我们积极地向它挑战吧！

痛苦的蜕变，是你成长的年轮

痛苦会让人变得焦躁和冲动，随着时间的流逝，人们对待痛苦也更加淡定。他们调动理智控制自己的情绪，使自己冷静下来。并能迅速分析事情的前因后果，再采取表达情绪或消除冲动的"缓兵之计"，尽量使自己不陷入冲动鲁莽、简单轻率的被动局面。这样的蜕变，反映了我们成长的年轮。

很多人都有过受累于情绪的经历，因痛苦产生的烦恼、压抑、失落等负面情绪总是接二连三地袭来，于是人们频频抱怨生活对自己的不公平，盼望某一天欢乐会降临在自己身上。但是，不经历风雨的洗礼，大树的年轮不会平白刻上去。不经历人生的苦难，人生的幸福也不会平白地降落。生活里，很多人都通过邮件向朋友诉说自己的遭遇和烦恼，在考研、出国、考公务员、创业之间摇摆不定，产生矛盾、压抑的痛苦情绪。其实，喜怒哀乐是人生活里的正常现象，想让自己生活中不出现一点烦心事几乎是不可能的，关键是如何有效地调整控制自己的情绪，正确地处理痛苦，做自己生活和情绪的主人，将痛苦当做自身成长的年轮。

面对各种各样的痛苦，我们需要正视现实，并适应环境。那

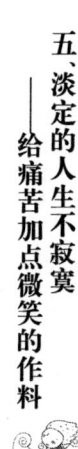

些成功者总是能与现实保持良好的接触，他们能发挥自己最大的潜力去改造环境，努力让外界现实符合自己的主观愿望。此外，在力不能及的情况下，又能重新选择目标或重选方法以适应不断变化的环境。

有一个叫爱地巴的人，每次生气和人起争执的时候，就以很快的速度跑回家去，绕着自己的房子和土地跑3圈，然后坐在田地边喘气。爱地巴工作非常勤劳努力，他的房子越来越大，土地也越来越广，但不管房地有多大，只要与人争论生气，他还是会绕着房子和土地跑3圈。爱地巴为何每次生气都绕着房子和土地跑3圈？

所有认识他的人，心里都有着疑惑，但是不管怎么问他，爱地巴都不愿意说明。直到有一天，爱地巴很老了，他的房地也已经很广大了，他生气时，拄着拐杖艰难地绕着土地和房子走，等他好不容易走完3圈，太阳都下山了。爱地巴独自坐在田边喘气，他的孙子在身边恳求他："阿公，你已经年纪大了，这附近也没有人的土地比你更广的了，您不能再像从前，一生气就绕着土地跑啊！您可不可以告诉我这个秘密，为什么您一生气就要绕着土地跑上3圈？"

爱地巴禁不住孙子恳求，终于说出隐藏在心中多年的秘密。他说："年轻时，我一和人吵架、争论、生气，就绕着房地跑3圈，边跑边想，我的房子这么小、土地这么小，我哪有时间、哪有资格去跟人家生气，一想到这里，气就消了，于是就把所有的时间用来努力工作。"

孙子又问道："阿公，现在您年纪老了，又变成最富有的人，为什么还要绕着房地跑？"

爱地巴笑着说："我现在还是会生气，生气时绕着房地走3圈，边走边想，我的房子这么大、土地这么多，我又何必跟人计较？一想到这儿，气就消了。"

这个故事告诉我们，经过了痛苦的蜕变，人们的生活会变得更加淡定。在生气的时候，我们要控制住情绪，要找一个理由。不管这个理由是什么，只要能帮助你削减心中的怒气，都应该发挥它的作用。如果不能控制情绪，则会失去理智。要让自己走出心灵的障碍，不要做出让自己追悔莫及的错事来。

因痛苦产生的冲动情绪其实是最有破坏力的情绪。太多的人都会在情绪冲动时做出让人后悔不已的事情。因此，应该采取一些积极有效的措施，积极地面对痛苦，控制自己冲动的情绪。

其实，调整控制自己的负面情绪并没有所想得那么难，只要掌握一些正确的方法，就可以很好地战胜痛苦并驾驭自己。在众多调整情绪的方法中，我们可以先学一下"情绪转移法"，即暂时避开不良刺激，把注意力、精力和兴趣投入到另一项活动中去，以减轻不良情绪对自己的冲击。当察觉到自己的情绪非常激动，马上控制不住时，可以及时采取暗示、转移注意力等方法自我放松，鼓励自己克制冲动。如对自己进行语言暗示："不能做冲动的牺牲品"，"过一会儿再来应付这件事，没什么大不了的"等。

有一个高考落榜的学生，看到同学接到录取通知书时深感失落，但她没有让自己沉浸在这种不良情绪中，而是幽默地告别好友："我要去避难了。"说着就出门旅游去了。风景如画的大自然深深地吸引了她，辽阔的海洋荡去了她心中的郁积，情绪平稳了，心胸开阔了，这位学生又以良好的心态走进生活，面对现实，将那些痛苦远远地抛开了。

痛苦可以让一个人的心智慢慢成熟，是人生的一个成长过程。不经历苦痛，人生便会乏味无常，幸福和快乐也就不会那么的弥足珍贵、令人珍惜。一个人从小到大，成长得太顺利便不会品味出成功的喜悦滋味；大树不经历风雨，也不会长成苍天大树，而且还会过早地夭折。痛苦，为人们的成长插上了腾飞的翅膀，让人走得更远。

痛苦的蜕变，是我们成长的年轮。我们要改变一下身处逆境时的态度，用开放性的语气坚定地对自己说："我一定能走出痛苦情绪的低谷，现在就不妨让我来试一试，做和不做完全不一样！"这样你的自主性就会被启动，迎接你的将是一番崭新的天地，你将步入属于自己的成熟。

幸福悟语

面对痛苦，我们不能任由负面情绪蔓延，而是要及时将它掌控好。情绪的转移关键是要主动及时，不要让自己在消极情绪中沉溺太久，需要我们马上行动起来，你会发现自己完全可以战胜情绪，也唯有你可以担此重任。找一个掌握情绪的理由，要知道，悲伤只折磨孤独的人，繁忙的人无暇流泪。

人生没有痛苦，就会有缺憾

人生只有一种味道，时间久了，就会让人感觉到乏味。生活里，有了痛苦的衬托，才会让幸福更加珍贵。人生伴随痛苦，痛苦伴随人生，人生有痛苦，没有痛苦就没有人生，人生也会留有遗憾。痛苦激励人们不断上进，痛苦教会人珍惜眼前的快乐和幸福。

我们的生活不能因痛苦而悲观，也不能因痛苦而失望，更不能从此消沉、怯懦、丧志和疑惑。痛苦是把双刃剑，它只害怕强者，它让懦弱的人更加弱小，让强大的人更加强大。

木柴燃烧时，在灶火里噼里啪啦痛苦地呐喊中，献出了热烈的火焰；煤炭燃烧时，在那焦头烂额的痛苦中释放出滚烫的热量；蜡烛燃烧时，在燃烧痛苦的热泪中奉献出了光明；新的生命，也是在母亲的阵阵疼痛中降生的。如果说痛苦能释放有用的价值，那痛苦将是有意义的。

孩童在学走路的时候，需要经过很多次痛苦的摔打；学生在求知的时候，要经过很多个日夜痛苦的求索；人们在创业的时候，要经历很多回痛苦的失败。我们的一生是一条那么多的曲曲折折坎坎坷坷的路。

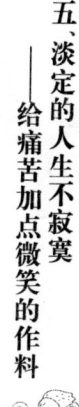

五、淡定的人生不寂寞——给痛苦加点微笑的作料

在我们期盼、追求、获得爱情的时候，我们可曾称量过自己曾拥有的痛苦的分量呢？当一个人孕育、降生、养育一个新生命的时候，有谁丈量过她曾拥有的痛苦的短长吗？当一个人创造、发明、设计一个新产品的时候，又有谁统计过他曾拥有的痛苦的数量呢？

没有痛苦的人生将是缺憾的！如果你的人生未经历痛苦，那么你会感到你这没有痛苦的人生本身就是一种痛苦。没有经历痛苦，就不能真正体味幸福。例如，一个条件优越的家庭的孩子，他不愁金钱，想要什么就能得到什么，那他就不能体会到心想事成是种幸福，他反而会觉得是种空虚。还有父母在身边时，孩子不认为有父母对自己的教导和陪伴是幸福，但是当父母不在时，他最终体味到没有父母的痛苦，他才能明白养儿才知父母恩。

在一个班级里，有一个大学生曾被公认为是他们班最胆小、最怯懦的人，同学们都不屑与他交往。大学毕业挥手告别之时，还有许多人预言10年后的相聚他将是失败者之一。

10年转眼就过去了，他们的相聚如期举行。聚会到高潮，每人依次上台讲述自己的现状和理想，还有对目前生活的满意程度。大多数人目前的现状不如当年跨出校门时的理想，对目前的生活满意者几乎没有。

轮到他上台了，他清了清嗓子，沉着而冷静地说道："我目前拥有数家公司，总资产上亿元，远远超过当年走出校门时的理想。如果说还有什么遗憾的话，就是我认为离那些我所欣赏的成功者还很遥远。是的，无论是在学校还是投身社会，我一直都很自卑，感觉每一个人都有特长，都比我强。所以我要努力学习每一个人的特长，并且尽力丢掉自己的缺点。但我发现，无论我如何努力也总是无法赶上所有的人，所以我就一直自卑下去。因为自卑，我把远大的理想埋在了心底，努力做好手头的每一件小事；因为自卑，我将所有的伟大目标转化成向别人学习的一点点的进步。这样，把痛苦压在心底，谦虚地向别人学习，我就会获得源源不断的前进动力。"他的话语赢得了阵阵掌声。

这个故事启发我们，自卑是谦虚的另一个境界，痛苦更能激励人取得成绩。自卑这种痛苦的性格并不是完全意义上的自我否定，而是不断朝前看的标准，是持续向前进的动力。将自己放在低微的位置，而不自视清高，这样的谦卑心态，在浮躁的社会中甚是可贵，也终将获取人生的成功。

人生不可避免地会有痛苦，就像死亡一样，是人们所无法逃避的。对于每个人而言，承受的痛苦是不一样的。问题的关键在于，要看你经受的是什么痛苦。有些痛苦是暂时的，随着时过境迁，痛苦会慢慢减淡并消逝。可是，有些痛苦可能是永恒的，它在我们心里扎下一根刺，时不时地隐隐作痛。适当的痛苦不见得是件坏事，但我们不能因此就沉浸在痛苦中。

所以说，如果想要真正体味到幸福，人生就要经历痛苦。在经历了苦难之后，人们才会努力创造追求幸福，并珍惜已有的幸福。因为痛苦与幸福就是生活的双生子，失去哪一个，人生都将是有缺憾的。

五、淡定的人生不寂寞——给痛苦加点微笑的作料

幸福悟语

有时候，有些痛苦也是有价值的，它会在折磨人们的同时帮助他人成长。这种痛苦，虽然在当初经历时会很痛，但一旦战胜它，你就会感谢它。总之，人生的痛苦，有时是灾难，有时是财富。将痛苦看轻，尝人生百味，等到年老的时候才更有回味。

发掘幸福源泉，守住友谊方寸之地

在我们的精神家园，友情帮我们消除痛苦。友情不是飘忽而逝的云彩，而是云彩背后一片洁净的湛蓝。友情在人类精神的坐标中，不是偶然，而是永恒。真正的朋友，他会像你自己一样关心自己，像我们须臾不停的呼吸，伴随在生命的韵律之间。友情之心，是人类心田中最美的种子，它发芽之后，开出爱之花，结出爱之果，是我们一生最宝贵的财富。

心灵的孤寂让人痛苦，痛苦降临，与其一个人在那里死扛，不如求教于朋友，朋友是你摆脱痛苦、赢取快乐的源泉。为从痛苦里解脱，就让我们深入朋友中去吧。朋友让我们快乐。是否和几个亲密可靠的人保持友谊与一个人的幸福感关系密切。

有些朋友虽然不常联络，却偶尔寄个电子邮件给你，也许是一些笑话、温馨小品，或是小游戏，这表示他一直在关心着你，他将你放在心里，也珍惜彼此的友谊。因此，我们要时时抱有感恩的心，珍惜友情！走好每一步，身行善事，珍惜缘分。

朋友间互相珍惜彼此，享受着幸福带来的成果。懂得幸福的人更可能被别人选择做朋友和信任的对象，因为他们作为同伴比愁眉苦脸的人更具有魅力，而且他们会帮助别人，而心情郁闷的人只关注自己，少有利他心理。朋友间建立的相互信任关系满足了人的归属感需要，使人感到幸福和满意。再者，亲密的友谊提供了社会支持，交往几个好朋友并且与他们建立密切的联系，让自己孤寂的心灵有了安放之处。

生活中，人们往往选择那些兴趣相投、能力相当、境况相似、阅历相仿的人做朋友，也即"趣味相投"。有了更多的共同语言，可为彼此之间的工作生活增色不少。真正的友情不依靠什么，不依靠事业、祸福和身份，不依靠经历、地位和处境。朋友在本质上拒绝功利，拒绝归属，拒绝契约。友谊是独立人格之间的互相呼应和确认，它使人们独而不孤，互相解读自己存在的意义。因此，所谓朋友，是使对方活得更加温暖、更加自在幸福的那些人。

有一个美国富翁，一生商海沉浮，苦苦打拼，积累了上千万的财富。有一天，重病缠身的他把十个儿子叫到床前，向他们公布了他的遗产分配方案。他说："我一生财产有1000万，你们每人可得100万，但有一个人必须独自拿出10万为我举办丧礼，还要拿出40万元捐给福利院。作为补偿，我可以介绍十个朋友给

五、淡定的人生不寂寞——给痛苦加点微笑的作料

他。"他最小的儿子选择了独自为他操办丧礼的方案。于是，富翁把他最好的十个朋友一一介绍给了他最小的儿子。

富翁死后，儿子们拿着各自的财产独立生活。由于平时他们大手大脚惯了，没过几年，父亲留给他们的那些钱，就所剩无几了。最小的儿子在自己的账户上更是只剩下最后的1000美元，无奈之时，他想起了父亲给他介绍的十个朋友，于是决定把他们请来聚餐。

朋友们一起开开心心地美餐了一顿之后，说："在你们十个兄弟当中，你是唯一一个还记得我们的，为感谢你的浓厚情谊，我们帮你一把吧！"于是，他们每个人给了他一头怀有牛犊的母牛和1000美元，还在生意上给了他很多指点。

依靠父亲的老友们的资助，富翁的小儿子开始步入商界。许多年以后，他成了一个比他父亲还要富有的大富豪。并且他一直与他父亲介绍的这十个朋友保持着密切的联系。他就是美国巨商费兰克·梅维尔。

成功后的梅维尔说："我父亲告诉过我，朋友比世界上所有的金钱都珍贵，朋友比世界上所有的财富都恒久，这话一点也不错。"

这个故事告诉我们，我们生活在这个世界上，财富能给人一时的快乐和满足，但无法让人一辈子都拥有它，更无法让人摆脱一切痛苦。而友谊和朋友却能给我们长久的支持和鼓励，让人终生拥有快乐、温馨和富足。所以说，朋友是我们人生的一笔最大的财富，也是一笔最恒久的财富，拥有它，就等于拥有了战胜失败的武器。

友情因相互分担苦痛而深刻，友情是精神上的寄托。有时它并不需要太多的言语，只需要一份默契。人生在世，可以没有功业，却不可以没有友情。以友情助功业则功业成，为功业找友情则友情亡，二者不可颠倒。

我们的一生中需要跟很多人打交道，也会接触很多人，但友情必不可少。友情在严格意义上来说是一个人终其一生所寻找的精神归宿。但未找到真正友情的时候，我们只能继续寻找，而不能就此罢休。生活里，我们不能轻言知己。但一旦得到真正友情，就需要我们加倍珍惜。

消除痛苦，就要守住友谊这块方寸之地。不管外界如何纷纷扰扰，唯有友谊，仍保持着它古老的准则。朋友如财富，需要好好珍惜。朋友的言行是我们的一面镜子，可以暴露我们的缺点，显示自己的才能。同样，你也是朋友的一面镜子，善待朋友，便是给自己架设一座通往未来的桥梁，同时也是为自己构筑一个幸福的楼台。

幸福悟语

大千世界中，我们在寻找那些在与自己独特的技能、人格、风格等相匹配的那些人，他们是我们宝贵的财富。友谊，让我们远离了痛苦。对待友情，我们要懂得感恩。一定要在心中藏有大爱，并以此关照人，抚慰人，呵护人，爱人。那些难忘的友情，让我们感受到人世的真情和温暖。

处变不惊，在淡定中赢得转机

处变不惊是一种勇于战胜痛苦和失败的能力。就好比能在台上侃侃而谈的那些人，从容应对各种意外甚至刻薄的问题。有些人反应快，嘴巴利索，敢于在众人面前表现，不会怯场。他们在突发事件面前能保持镇静，这不仅需要坚强的性格，还要有丰富的阅历。不管是否有痛苦，我们都要在淡定中寻求转机。

我们常说，性格决定一个人的命运。面对痛苦，性格的不同也决定了其不同的应对方式。处变不惊，说到本质就是勇于实践，在痛苦的境地里处变不惊，我们才有机会赢得命运的转机。

有强烈的成功意愿的人面对痛苦和失败都有种处变不惊的风范，所有困难和所有现有缺陷，都不会构成他们放弃追求成功的理由。淡定的人，优雅而从容。淡定，是骨子里透露出的那种优雅和从容，而不是做作出来的从容。

日本著名的推销员原一平，在刚走上推销岗位头7个月，未拉到一分钱保险，当然也拿不到一分钱薪水，他只好上班不坐电车，中午不吃饭，每晚睡在公园长凳上。但他依旧精神抖擞每天清晨5点左右起来后，就从这个"家"徒步去上班。一路走得很有精神，有时还吹吹口哨，还热情地和人打打招呼。有一位很体面绅士，经常看见他这副模样，很受感染，便与他寒暄："我看你笑嘻嘻，全身充满干劲，日子一定过得很痛快啦！"并邀请他吃早餐，他说："谢谢您！我已经用过了。"绅士便问他在哪里高就，当得知他在保险公司当推销员时，绅士便说："那我就投你保险好啦！"听了这句话，原一平猛觉"喜从天降"。原来这位先生是一家大酒楼老板，他不仅投保，还帮助原一平介绍业务。从此，原一平彻底"转运"了。

原一平的事例说明了，一个人的力量主要来自内在，内心淡定就可以找到力量，任何外在困难都不难克服。淡定的态度，就是把一切看得很淡，不会被事物所左右。我们需要经常做深呼吸，特别是遇到能让我们动摇的事情时，做几次深呼吸之后，我们的头脑就会更清醒一点。淡定可以让人处在安静的心中，去理解满腹怨怒的事情。

处变不惊是一种丰富的阅历，让人们在淡定中赢得转机。没有人天生就有在面对大惊大难时候处变不惊的天赋，也没有人能够初出茅庐就有不变应万变的能力。小孩子面对困难，一般会大哭大叫，因为很多的事没有见过。成年人遇到困难了，也许会慌乱，但哭闹就很少了。这是因为随着年龄的增长，我们见识了这个社会的很多东西，心里面搁了许多东西，我们的阅历增长了。

所以，就让我们的经历驱除苦痛吧。我们不要怕累怕苦，批评和责难算不了什么，学着多承担一些别人敬而远之的东西，当惬意的时候，我们收获的就是宝贵的阅历，同时也就增长了一点

五、淡定的人生不寂寞
——给痛苦加点微笑的作料

处变不惊的勇气，面对痛苦和失败也更能游刃有余。在困境中处变不惊、养精蓄锐，耐心等待转机来临，这是我们最好的选择。

幸福悟语

面对身边的纷纷扰扰，面对人生里的沸沸扬扬，面对自己生活的一方净土，看窗外的一片飘浮的天空，要学会淡定。只有对淡定这个词有了新的理解和新的认识，我们的生活才会有新的光明。

快乐是走出逆境和失败后的犒赏

我们要善于挑战生命中的逆境，因为你无路可走。不抗争就会被逆境的涅槃吞噬，让自己陷入永无止境的痛苦之中。而快乐的得来弥足珍贵，因为它是我们经过拼搏，勇敢地走出逆境和失败后的犒赏。人生短暂，我们不能将自己囚禁在充满变数的逆境当中，要勇敢地拼搏一把，才会有重生的机会。

尽管经历苦痛，我们依然到达了很多胜利的巅峰。当我们历尽艰辛攀登一座高峰，站在那高高的峰巅之上，尽享成功的喜悦的时候，我们不会忘记你攀援中的艰辛劳累；当我们跨越一条长长的大河，站在那遥远的彼岸，沉醉在胜利的欢庆时刻，我们不会忘记你风浪中的风吹雨打的搏击；当我们攻下了一个个难关，站在那茫茫的边关，陶醉于硕果累累的幸福时，我们不会忘记那闯关当中的困难艰险磨炼。过程有些痛苦，但结果令人幸福。

痛苦相对于我们的人生具有两面性，有些人在痛苦中消沉，更多的人在痛苦中求得生机，有的人在痛苦中了结此生，更多的人在痛苦中新生，有的人在痛苦中灭亡，更多的人在痛苦中永生！处在逆境之中，我们更应该顽强，每个人都有失败的时候，即使是在艰难中，也应该去努力，如果不行动，抱怨和等待又有什么用呢？

我们每个人都可能有遇到各种各样的痛苦，诸如环境不好、遭遇坎坷、工作辛苦、事业失意的时候。意志力不够坚强的人在逆境来临时，就会匆匆结束这次旅行，困难还未真正显形，就提前承认了自己的失败；而假如人们足够坚强，就会明白，快乐都是经历了一系列的逆境才得来的。

1897年6月13日，鲁米出生在芬兰图尔库的一个贫穷家庭。贫困的生活，使得帕沃·鲁米很少面露笑容，就算在他后来得意于田径场中，也是一样。12岁时，他唯一的亲人——父亲离他而去，为了生活，为了帮助家里，他被迫离开学校找到一份快递工作贴补家用。每天推着笨重的推车穿梭于大街小巷，练就出他强劲有力的双腿，也奠定他日后成为超级明星的基础。为了逃避失去父亲的痛苦，也为了暂时躲避尘世，他曾经自我放逐在森林里，也在里面练跑，而且颇为自得其乐。而这也养成他不喜欢面对媒体，成为大众的焦点，在他赢得最后一枚奥运会金牌时，仍

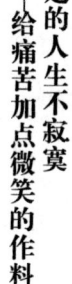

是默默地离开田径场，脸上没有笑容，拒绝摄影记者拍照，一语不发地离去。他最早被注意到长跑能力是在1919年入伍之后，有一次武装赛跑，戴着钢盔、背着长枪，腰带上挂满武器，还得扛着一包11磅的沙袋，结果别人跑起来汗如雨下，他却轻松完成，速度也奇快无比。他开创了"鲁米时代"。

帕沃·鲁米的奥运辉煌源起于1920年安特卫普奥运会。那届比赛他一人夺得三枚金牌，成为本届奥运会田径比赛获金牌最多的选手。也是在这次的比赛中，他养成了比赛时手握秒表的习惯。此后，无论训练还是比赛，鲁米的手中总会拿着一块秒表，边跑边看时间。在1924年第8届奥运会，鲁米奇迹般地夺得1500米、5000米、3000米团体、1000米越野跑个人和团体5枚金牌，成为田径史上在一届奥运会获金牌最多的运动员。从那时起，鲁米有了一个响亮的绰号——"芬兰飞毛腿"。当时，有些细心的观众发现，比赛时，鲁米总是不时低头看自己的右手，有人猜测，鲁米手里一定拿着母亲的照片或是一张圣母像，以求保佑。其实，这是鲁米4年前养成的习惯——手握一块秒表。比赛时，鲁米思想集中，并能精确地计算和分配每圈的时间和速度。当最后一圈铃声响后，他就将秒表往地上一扔，全速冲刺。在这届奥运会上，鲁米用飞快的速度骄傲地证明了他的优势不仅是长跑，连中距离的比赛他同样能赢得金牌，而且打破了奥运会纪录。另外，在1000米越野跑个人和团体赛中，鲁米又再度拿下两枚金牌。1924年巴黎奥运会是鲁米的黄金时期，有人把这届奥运会称为"鲁米奥运会"。有人这样描述奥运会时巴黎的情形："他到哪里，哪里就有胜利，就有'鲁米！鲁米！'的欢呼声。"遗憾的是，巴黎奥运会各项比赛结束后，没有正式宣布名次，没有升获奖运动员所属国家的国旗，闭幕式上也没有举行授奖仪式。奥运会结束大约一个月后，鲁米收到了从邮局寄来的5枚金牌。1928年阿姆斯特丹奥运会，鲁米在1000米比赛中夺下个人第9枚奥运金牌，也是他最后一枚奥运金牌。

1982年初，芬兰天文学家发现了第1941颗太阳系行星。按照惯例，这颗行星需要一个名字。于是，有人提议将其命名为"帕沃·鲁米"，没有争吵和异议，"帕沃·鲁米"成为世界上第一颗以运动员的名字命名的行星。帕沃·鲁米是体育史上一个传奇性的人物。他开创了一个时代，人称"鲁米时代"。在他的黄金时期，有他参加的奥运会，叫"鲁米奥运会"。

鲁米的快乐来自于在贫困生活的拼搏，是对逆境的挑战，而他的快乐和成就也是在挑战逆境后创造出的伟大犒赏。逆境不是使人退缩的原因。它反而会给人一种不平凡的压力，这样的压力不同于家长给孩子的压力，老师给学生的压力，而是环境给人的一种更高一层的压力。它不是可以简单得到的，它对人的成功起着至关重要的作用。

人生在世，无论是贫穷还是富有，平凡还是伟大，无论是生活在社会的哪个阶层，社会地位的高低，都并不是最重要的，最重要的要让自己每一天都过得充实，重要的是要能获得幸福快乐的生活。

不知从何起抑郁症这一名词走进了人们的视线，而抑郁症又

五、淡定的人生不寂寞——给痛苦加点微笑的作料

是谋杀幸福生活的刽子手。其实抑郁症这种精神疾患古已有之，只不过在现代社会中才形成一种瘟疫般的扩散趋势。在现代都市人中，抑郁症并不只是个别人才有的一种精神疾病，而是形成了一种狂风暴雨般的浪潮，疯狂地侵袭人们的身体健康。

面对痛苦和挫折，我们需要坚强，为跳出痛苦的桎梏做足准备，要知道磨难和挫折是暂时的，没有哪个人会永远幸运，也没有哪个人会永远背运，快乐是我们勇敢地跳出逆境和失败后的犒赏。

幸福悟语

消除痛苦、争取快乐都是我们积极拼搏的结果。命运赐给我们机遇和幸福，同时也给我们缺憾和苦难，我们没有必要怨天尤人，更不必畏缩自卑，用坚苦卓绝的意志和刚毅的态度对待磨难，用豁达的心态对待生活，就会多一些阳光，多几分欢乐。

不让自己陷入怀疑和假设的泥潭

多疑的痛苦在于，一边在做最坏的假设，一边又有最好的盼望。人一旦陷入了怀疑和假设的泥潭，就会被自身制造的阴霾所笼罩，看不清外面明亮的风景，一味地自己吓唬自己。没有信任的人生，是脆弱的人生，经受不住痛苦考验的人生，是可悲的人生。

在这个复杂多变的世界里，让自己变得简单，把别人看得简单，幸福和快乐就会来得十分容易，这需要一种深层的信任。一杯香茗，我们可以品味出信任的醇香；一句忠告，我们可以领略信任的意味。假如生活里充满了怀疑和假设，世界将不会那么完美。

诚然，我们在这个世界生活，如果没有洞察事物真相的本领，就会上当、受骗、吃亏，或误会别人，或被别人误会，造成伤痛或遗憾！可一旦我们带着怀疑和假设的盔甲上路，我们将步伐沉重，步履维艰。

所有的人或事物，很多时候都是很难凭感觉和经验去判断的，用一份单纯去信任复杂，或用复杂的心理去怀疑简单，都是错误的！矛盾和症结就在这里，或许每个人都会把简单的事情搞复杂了，或复杂的事情估计简单了！在茫茫的人海里，被人信任很难得！如果有人信任你，你千万别利用人家的这份信任去欺骗他！不然你就会丢掉更多的东西。信任亲友是人的天性，而信任他人则是一种美德，在信任的过程中，快乐而全面地认识这个看似复杂的世界，让其变得简单。

有人说，怀疑是向上的车轮。我们对一些人或事经常会有一些怀疑，但是怀疑要有证据，还要有分寸；被怀疑者即使没有可疑之处也不必大动肝火，要想清楚自己哪里处理得不好而造成了误会，千万不要让不该发生的事情发生。

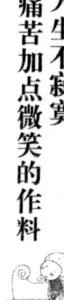

生活中，与我们关系密切的亲人、爱人、朋友，我们要给予最真诚地对待！不要轻易用怀疑和假设对待他们，而伤害了他们给的关怀！我们要把最大的信任留给他们，就在他们同样需要我们的时候。真诚，赢得信任，带来幸福，我们用真诚对待别人，做到问心无愧，但这并不一定能得到信任的回报，你付出的结果也许会得到别人的信任，也许你的真诚会被怀疑、被利用。如果是这样的结果，那也请不要责怪自己的天真，不要反悔自己的纯情，要怪怀疑者感悟不了我们给他的真诚，享用不了我们给的真诚，那也是天意，顺其自然就好。

我们总是希望自己不要被别人怀疑，但我们却也有错误地怀疑了别人而自己并不知道的情况！我们不要假设别人的人品，要知道，我们若已接受最坏的，就再没有什么损失。

有这样一则故事：

一个富裕的小镇商人有一对双胞胎儿子。这对兄弟长大后，就留在父亲经营的店里帮忙。父亲过世后，兄弟俩接手共同经营这家商店。

起初生活一直都很平顺，直到有一天一美元丢失后，关系才开始发生变化。哥哥将一美元放进收银机，并与顾客外出办事，当他回到店里时，突然发现收银机里面的钱已经不见了！

他问弟弟："你有没有看到收银机里面的钱？"

弟弟回答："我没有看到。"

但是哥哥对此事一直耿耿于怀，咄咄逼人地追问，不愿罢休。

哥哥说："钱不会长了腿跑掉的，你一定看见了这笔钱。"语气中带有强烈的质疑，弟弟的怨恨油然而生。不久手足之间就出现了严重的隔阂。

开始双方不愿交谈，后来决定不再一起生活，在商店中间砌起了一道砖墙，从此分居而立。

20年过去了，敌意与痛苦与日俱增，这样的气氛也感染了双方的家庭与整个社区。

有一天，有位开着外地车牌汽车的男子，在哥哥的店门口停下。

他走进店里问道："您在这个店里工作多久了？"哥哥回答说他这辈子都在这店里服务。这位客人说："我必须要告诉您一件往事。20年前我还是个不务正业的流浪汉，一天流浪到这个镇上，已经好几天没有进食了，我偷偷地从您这家店的后门溜进来，将收银机里面的一美元取走。虽然时过境迁，但我对这件事情一直无法忘怀。一美元虽然是个小数目，但是我一直深受良心的谴责，我必须回到这里来请求您的原谅。"

他说完后，这位访客很惊讶地发现店主已经热泪盈眶，用哽咽的语调请求他："是否也能到隔壁商店将此事再说一次呢？"当这陌生男子到隔壁说完此事以后，他惊愕地看到两位面貌相像的中年男子，在商店门口痛哭失声、相拥而泣。

这个故事让我们动容，长达20年的时间，兄弟间的怨恨终于被化解，他们之间存在的对立也因而消失。我们不曾想到，20年兄弟间痛苦的对立、猜疑的萌生，竟是源于丢失的一美元。20年间兄弟反目，陷入痛苦的泥潭，竟是因为不切实际的怀疑和假设，因为没有放宽心态，所以不能和谐共处，最终酿成了痛苦的悲剧。

猜疑是心灵的障碍之一，是害人害己的祸根。一个人一旦掉进猜疑的陷阱，必定神经过敏，对他人的一言一行心生疑窦，损害人际关系。所以我们必须做到：拓宽自己的胸怀，不假设别人的人品，敞开心扉与人沟通，不轻信流言，经常自省，把错误的猜疑消灭在萌芽状态。

幸福悟语

太多人的痛苦，就在于无休止地用怀疑和假设看待这个世界。一些事情，我们永远也无法看到真相，却给予它完全的信任；一些事情，真相就在我们面前，我们却给了它太多的怀疑！很好地把握信任与怀疑，有时候很难，但遇到具体的事情，具体问题具体分析，凭我们自己的智慧，去赢得最简单的快乐和幸福！

六、永不放弃我们的信念
——把自己培养成不怕失败的人

痛苦与失败尽管不幸，但换个角度来看，是对人的意志、决心和勇气的锻炼，也是对人综合实力的检验。强者遭遇挫折会越挫越勇，弱者遭遇挫折会一蹶不振。失败是成功之母。坚守信念，不怕苦难的锤炼，终会将我们打造成具备成功潜力的人。

人是经过千锤百炼才成熟起来的，重要的是吸取教训，不犯或少犯重复性的错误，将自己培养成不怕失败的人。

困境中坚守信念不容易，我们可以及时调整心态，不因小败而失信心，不因小挫而失锐气。要找出自己的优势和特长，比如注重品德的培养、口才的锤炼、勤奋努力等，想想是否都得到充分的发挥了；观察别人的长处，以取长补短。要记住：人生的转折点往往始于失败，失败会使人猛醒、冷静、理智和振作，使人重新扬起生命的风帆！

拥有人脉，机会蕴藏在信息之中

也许你痛苦、孤单、苦闷，那就积极地加入各种人际圈子吧，我们生活中有着各种各样的圈子，消除痛苦找寻快乐，从你生活的圈子入手就是一个不错的选择。进入圈子就需要进行广泛的接触，营建好个人关系网，永葆交际的活力。如果你渴望成功，创造一番事业，就先从打造人脉开始吧！

曾几何时，我们常常因单打独斗让自己痛苦不堪，困境中我们多么希望有神通广大的朋友来伸手相助，人脉，就是我们通往快乐和幸福之路的重要通道。曾经有一位名人这样说：生活中需留心观察，否则有许多朋友就会错失掉，你更会失去快乐的源泉。如果你生活苦闷，那就从营建人际关系网的开始做起吧！人际交往的会让你处之泰然、举止文雅、彬彬有礼而又乐观豁达，又善于推销自我，随着人脉的扩大，一定会有熟人愿意为你提供各类的帮助。

拥有人脉，将为追寻到人脉带给我们的幸福，互惠、分享、信赖是我们建立人际关系网的基本原则。人的关系都是相互的，所谓赠人玫瑰手有余香就是这个道理，如果我们只想拥有而不想给予，那我们就成为一个自私的人，而自私的人是不会拥有真正的朋友的。建立人脉网的方式就是分享，你与别人分享的越多，你得到的就越多。智慧和力量是世界上越分享越多的两种东西。你愿意向别人分享，有一种愿意付出的心态，别人才会觉得你是一个正直、诚恳的人，别人愿意与你做朋友，愿意为你分担你的痛苦和失败。

台湾的益登科技企业从毫无名望迅速跻身为台湾地区第二大IC渠道商，企业的成功之处在于其总经理曾禹旂十分重视发展和维护人脉，利用人脉来生财。在老朋友们心目中，曾禹旂论聪明和能力，在同辈中都算不上是顶尖，但他重视人脉的培养，更愿意与别人分享利益。他的仗义赢得了代理NVIDIA（全球绘图芯片龙头厂商）的产品的权利，事业得到迅速扩大，因此才能在6年的时间内赤手空拳打拼出一家市值逾80亿新台币公司的奇迹。

这个故事很振奋人心，说明了人脉竞争力在一个人的成就里扮演着重要的角色。你可以白手起家，但不能手无寸铁，我们手里的资源除了资金就是人脉了，任何时候均不能忽视人的作用，和对你事业的影响程度。

寇克道格拉斯是美国著名的影星，他年轻时也曾十分落魄潦倒，做过多种职业依然仅够温饱，但他从事演艺事业确实从一位贵人的提携而开始的。他偶然的一次搭火车时，无意中与旁边的一位女士搭话，结果该女士恰巧是好莱坞的知名制片人，这次聊天成为他人生的转折点。寇克道格拉斯自认为是遇到了伯乐，让他最终美梦成真。

上述故事再次向我们说明了人脉的重要性，它能帮助人生失意中的人寻求到适合自己发展的平台。但我们还是不禁要问，是什么改变了这位美国青年的命运？毫无疑问的是他遇到了"贵人"，是贵人将他从平庸的痛苦中解脱出来。其实，"贵人"无处不在，不要轻忽任何一个人，也不要疏忽任何一个可以助人的机会，学习对每一个人都热情以待，学习把每一件事都做到完善，学习对每一个机会都充满感激，那么，我们就是自己最重要的贵人。

只要留意那些成功且洋溢着幸福的人，有些固然是才华横溢的人，但更多的还是朋友遍天下行走可借力的人，他们善于挖掘人脉潜力、聚拢无穷人气、成就非凡人望，从而事业有成获得成功。如果你能极善处理人际关系，并把它成功地开发成产业，如果你想永葆交际活力，营建好个人关系网，又该怎么做呢？以下建议希望对脱离痛苦、找到快乐有所帮助。

慷慨乐观交朋友

20岁靠体力赚钱，30岁靠脑力赚钱，40岁以后则靠交情赚钱，这是美国的一句民谚。因此，成功的人必定是个交际圈很广的人。那些交际达人为寻找人脉会主动出击，找到想认识的人就想尽办法推销自己，结识后当自己的好朋友慷慨对待，他的幸福之路也将越走越宽。

放低姿态增人望

放低姿态即让我们学会仔细倾听别人的话，更学习"忖度他人之心"，理解朋友言行的原因和立场，尊重他们的社交习惯。尽量体谅他们，这样既能学习他们的优点，也能让朋友感到自己被尊重和理解。要营造关系网，不仅要物质上的努力，更多的是以诚待人、将心换心。

将姿态放低,并不是要求我们要怀着一份过于势利的短浅眼光经营人脉,别人现在富贵,出金入银,就用一副小人嘴脸伺候着,假如是个潦倒的小人物,也不能因此就忽视和鄙视他。

困苦不离见真情

一位朋友生病住院时半天就有两百多位朋友来探望。事后他说,当时的重病让他痛不欲生,几乎送命,醒来看到身边尽是泪流满面的朋友,顿时感觉真心朋友关心自己,生活很有意义。那怎样才能交到至交的朋友呢?不妨在他们平时健康平安的时候和他们交好,在他们困难的时候关心帮助他们。危机时刻建立的人脉最牢固,而且会为你赢得好口碑。

网上亮相聚人脉

随着科技的进步,人际网络变得多元而复杂。网络为我们提供了便捷的通道,我们在网络上一天所认识的朋友,可能比过去现实生活中一年加起来认识的还要多。如今社会,网络交友已经成为时尚和流行,也是不错的"从虚拟变现实朋友"的渠道。因此在这个时代,如果还死抱老想法,不屑于结交网络上的人脉,成功的节奏就会因此落下你。

名片管理常保鲜

被誉为"世界上最伟大的推销员"的乔·杰拉德在台湾演讲时他把西装打开,在演讲现场至少撒出了3000张名片。他说:"各位,这就是我成为世界第一名推销员的秘诀,演讲结束。"然后他就下场了。一个人的能力再大,没有人脉,他的才华也是难以施展的,这是最痛苦的事情。由此看来我们可以多参加一些社交活动,每天换到的名片要立即在背面批注,包括相遇地点、介绍人，兴趣特征，以及交谈时所聊到的问题等，越详实越好，然后于建立"新联络人"时，将这些讯息打在备注栏里，以后只要用"搜寻"功能，便能将同性质的人找出来。

从失败中东山再起，人脉的力量不容忽视。庞大的资源往往就在身边，那就是你的个人关系网。只要善于把握、营造、培植你的关系网，就能聚集人气、铸造人望，有了这样的臂助，一切问题皆迎刃而解。

从人脉相互交互的作用中消除痛苦找寻快乐，你的人脉就广阔了，通过老朋友可以认识新的朋友，随着我们交际圈的扩大，你也会脱离苦闷、乏味的人生，可以同朋友交流各种有助于成功的信息，也可以随意聊天享受美好时光，你离快乐也就咫尺之遥。构筑自身的人脉网，你就能发现世界的广阔，人生的快乐。

幸福悟语

通过人脉的力量消除自己的痛苦与失败，寻找并且建立自己的价值，然后把自己的价值传递给身边的朋友，并且促成更多信息和价值的交流，这就是建立强有力的人脉关系的基本逻辑。与其他人交换人脉，扩大你朋友圈的最有效的方法就是把你的圈子与别人的圈子相连，那么，幸福也随着人脉的传递而传递到你的手中。

等待中积蓄力量，激发创造潜能

失败和痛苦给我们的伤害不会长久，随着时间的流逝，时间会抚平我们的伤痛，但我们也要防患于未然，不要让痛苦和失败再次侵扰我们，我们要在平时积蓄好力量，为以后的突发事件做足充分的准备，在积蓄中等待，在积蓄中厚积薄发，生活就会顺风顺水。

在向目标进发的途中，不可避免会有痛苦和失败，但既然选择了你的目标就应该一直努力下去，而不是半途而废。力量的积累让我们拥有更强大的创造力，潜能的激发也不是一朝一夕的事情，知识和能力的积累是无形的，只要我们善于积累，潜能就能迸发出巨大的能量。

生活中，不仅成功需要等待，失败同样需要等待。越王勾践的故事就是一个很好的事例，他在失败中忍辱负重，卧薪尝胆，在等待中积蓄力量，并把握住了力挽狂澜的机会，实现灭吴的壮举。勇敢的人们在失败中倒下，忍着伤痛强行站起来固然勇气可嘉，但走向成功毕竟条件还未成熟，加上一些做法似乎欠缺理智，很可能会因同样的原因再次倒下。多一份等待，在等待中积蓄力量、反思自我，找到失败的根源，等到重新扬帆起航的一刻，失败和痛苦自然就被踩在脚下了。

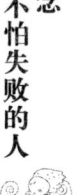

六、永不放弃我们的信念——把自己培养成不怕失败的人

失败后的等待并不意味着浪费时间，必要的等待是为了不再等待。正如用片刻的等待去恢复体能、瞄准靶心，射中的一刻才是最干脆利落的。所以说，等待中积蓄力量是生活的哲学，是一种智慧，生活需要我们等待。

为了不落入苦难的深渊，我们要做好平时的储备，储备力量、财力、技能、健康等，只有我们善于预见未来的发展情况，结合外界情况完善自身的各项储备，坚定不移地守住我们的信念，就能消除痛苦，从失败的危机中脱身出来。而在积蓄力量的过程中，我们并不是一直受累的，力量的积蓄让我们更快地成长。

农夫在地里同时种了两棵一样大小的果树苗。第一棵树拼命地从地下吸收养料，储备起来，滋润每一个枝干，积蓄力量，默默地盘算着怎样完善自身，向上生长。另一棵树也拼命地从地下吸收养料，凝聚起来，开始盘算着开花结果。

第二年春，第一棵树便吐出了嫩芽，憋着劲向上长。另一棵树刚吐出嫩叶，便迫不及待地挤出花蕾。

第一棵树目标明确，忍耐力强，很快就长得身材苗壮。另一棵树每年都要开花结果。刚开始，着实让农夫吃了一惊，非常欣赏它。但由于这棵树还未成熟，便承担开花结果的责任，累得弯了腰，结的果实也酸涩难吃，还时常招来一群孩子石头的袭击。甚至孩子会攀上它那赢弱的身体，在掠夺果子的同时，损伤着它的自尊心和肢体。

时光飞转，终于有一天，那棵久不开花的壮树轻松地吐出花蕾，由于养分充足、身材强壮，结出了又大又甜的果实。而此时那棵急于开花结果的树却成了枯木。

这个故事里，说明了在等待中积蓄力量的重要性，有时不急于表现自己的人恰恰正是最富有竞争力、生命力最强、最有前途的人。力量积蓄得不足，就急于表现，只能让自己昙花一现，甚至会给自身带来伤害；而那些在等待中隐忍自己，厚积薄发，水到渠成的人则会长久地享受成功的愉悦。

自然界中的万物，都有自己的发展规律与步骤，我们不能为了达到某种炫耀的目的就急于求成、揠苗助长，跃过或者忽略掉其中的一步，而不在平时储存自己的力量，这样只能使自己成为一个不健全的人，给未来的发展带来不良的影响，这是一种短视行为。我们不能为眼前的小利而失去长远的大利。要学会正确看待失败和痛苦，耐心地等待，在等待中积蓄潜能，在等待中收获更好更大的成果。

幼鹰在学习飞翔的时候，它需要耐心地等待，在等待中积蓄力量，待羽翼丰满，才能一飞冲天；勇敢的旅人想在迷途中前行，他需要等待，在等待中选择路线、补充体力和水分，待寻得最佳路线，便能一路畅通；失败者想要在挫折中奋发，他需要耐心等待，在等待中反省自己，找到自身的不足，待重整旗鼓，就能反败为胜。

困境中需要耐心才能积蓄力量。智者和愚者同时被困在了原始森林里，愚者急于求生，盲目乱窜，最终迷失在森林深处。而智者选择了等待中寻找机会，他通过分析树叶疏密、动物行踪等

六、永不放弃我们的信念——把自己培养成不怕失败的人

自然现象，最终找到了正确的方向，走出了困境。

　　创造潜能的迸发不是一朝一夕的事情，需要我们在等待中学习充电。在学习中耐心等待才会事半功倍，盲目行动只能换来事倍功半的后果。著名的数学家华罗庚有他自己的一套独特学习方法：找到书后先耐心地研究目录，把握全书的整体结构与章节之间的关联，并猜测书的大体内容。然后再有选择地进行跳读，这使他既熟悉了全书的内容，且能有选择地进行细读。可以看出，做事的效率在于事前的等待与规划，"欲速则不达""磨刀不误砍柴工"的意义有异曲同工之处。

　　人生的辉煌和腾达更需要在等待中积蓄力量。成功没有一步登天的捷径，必须是经过不懈地攀登才能到达顶峰。人生总有一段时间要等待——等待机遇、等待工作、等待爱情。但人总希望自己是在前行的，是充满目标的，等待的过程尽管让人混乱、让人有挫败感，但这一种坚持会让你的羽翼更加丰满，力量更加强大。等待中积蓄力量是一种可贵的品质，在等待中努力，成功女神就一定会对你微笑。

幸福悟语

　　积蓄力量的等待是一种智慧，生活需要我们在积蓄中等待。那些失败和痛苦，并不能永久地将我们打败和踩倒，勇敢和智慧的人们只有在困境中等待和思索，不断探索通往成功的道路，磨砺自己的品质，加强自身的修炼，最终才能结出成功之花。

每天比别人多做一点

不努力进取就会导致痛苦的结局，拖延、散漫更是你失败的根源。每天多做一点，将会帮你从痛苦中解脱出来。比如提前上班，不要以为没人注意到，老板可是睁大眼睛瞧着呢！如果能提早一点到公司，早一点开展自己的工作，就会说明你十分重视这份工作。每天提前到达公司，可以对一天的工作做个规划，当别人还在考虑当天该做什么时，你已经走在别人前面了！与痛苦绝缘，就需要多做一点，人生何尝不是如此呢。

懒惰的人，多数是很失败的。如果你想解脱痛苦，成为一名成功的人，必须要培养勤奋的观念，树立终身学习的思想，每天比别人多学多做一点，既要学习专业知识，又要不断拓宽自己的知识面。那些看似无关紧要的知识往往会对未来产生巨大作用，也会对帮我们摆脱痛苦、走出失败起到关键作用。而"每天多做一点"则能够为你摆脱困境、赢得成功提供有利的机会。

知识和能力不会从天上掉下来，要靠我们从学习和实践中得来。现如今最重要的能力是什么？是学习能力。我们的竞争力就表现在学习力上。在这样一个激烈竞争的时代，具备"比他人学得快的能力"是我们唯一能保持的竞争优势。

"每天比别人多做一点"，这几乎是事业成功者为什么高于平

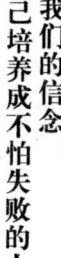

六、永不放弃我们的信念——把自己培养成不怕失败的人

庸者的秘诀。你为何痛苦,是不是因为昨天的我们不够努力和勤奋,是不是因为没有比别人多做一点呢?只要我们将这个真谛融入到工作和学习中,坚持每天比别人多勤奋一点,多做一点,就会取得了良好的实效。

仅仅是全心全意、尽职尽责是远远不够的,这远不能为我们摆脱痛苦、战胜失败打下根基,我们还需要比自己分内的工作多做一点,比别人期待得更多一点,才能够吸引更多的注意,给自我的提升创造更多的机会。"每天多做一点"的工作态度能使你从竞争中脱颖而出。你的老板、委托人和顾客会关注你、信赖你,从而给你更多的机会。每天多做一点工作也许会占用你的时间,也会暂时令你痛苦,但是,你的行为会使你赢得良好的声誉,并增加他人对你的需要,为你赢得成功的机会。

方杰是奥普浴霸的掌门人,大家觉得事业发展不会那么容易,好像是一蹴而就似的。其实早在澳大利亚留学的时候,方杰就有意识地到澳大利亚最大的灯具公司"LIGHT UP"公司打工。当时他还不懂商业谈判。他知道自己的缺陷,很希望学会谈判的本领。他知道他当时的老板是一个谈判的高手,所以,每当有机会与老板一起进行商业谈判的时候,他总是在口袋里偷偷揣上一个微型录音机。他将老板与对方的谈判内容一句句地录了下来,然后再回家偷偷地听,揣摩、学习,看看老板是怎样分析问题的,对方是怎样提问,老板又是怎样回答的。他就这样学习,几年以后也成为了一个商业谈判的高手。最后老板退休了,把位子让给了他。到了1996年,方杰差不多已经成了澳洲身价第一的职业经理人。然后他不想当打工仔了,想自己回国创业。方杰的奥普浴霸是在这样的基础上做成的,其实方杰并不是一个天生的生意人。他的成功,是虚心向老板学习的结果!

这个故事告诉我们,很多人处于事业的低谷,常常痛苦难耐,但没有想过每天认认真真地多做一点事情,做一些对发展有益的事情。看似进步很慢,但日积月累,终究会有大成效的。

考夫曼能成为股市"神人",也是他顽强忍耐奋斗的结果。他1937年出生于德国,因遭受纳粹的迫害,1946年随父母逃到北美定居。他刚到北美时不懂英语,进入学校读书十分困难。但他很有耐性,不怕别人嘲笑,大胆地与小朋友交谈,为的是向他们学习英语。此外,他还利用课余时间补习英语,甚至在吃饭时和走路时也背诵英语词句。半年时间过去了,他能熟练地讲英语了。他家境不佳,却以半工半读的形式读完了大学,并先后获得了学士、硕士和博士学位。在工作中,他不辞劳苦、刻苦钻研,从银行的最底层做起,直至成为世界闻名的所罗门兄弟证券公司的主要合伙人之一。他对股市料事如神,最终成为证券市场的权威之一。

这个故事告诉我们,考夫曼因为不懂英语让他尴尬和痛苦,然而他并没有破罐子破摔,而是不间断地勤奋努力,每天进步一点点,抓住一切机会进行英语锻炼,最终让他的英语更加熟练;工作上,他努力进取,从底层一直做到了证券界权威,这无不是他不断努力的结果。

身处困境但能坚强拼搏能够产生巨大的力量,这是人生亘古

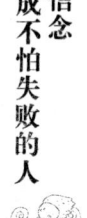

六、永不放弃我们的信念——把自己培养成不怕失败的人

不变的法则。如果我们能比分内的工作多做一些，那么，别人会认为你具有勤奋的美德，而且能发展一种超凡的技巧与能力，让我们具有更强大的生存力量，从而摆脱痛苦和失败。如果我们想让自己的身体变得强壮，唯一的途径就是利用它来做最艰苦的工作。如果长期不使用我们的胳臂，让它养尊处优，其结果就是使它变得虚弱甚至萎缩。

社会在发展，企业在成长，个人的职责范围也随之扩大。我们不能总是以"这不是我职责内的工作"为由来逃避责任。当额外的工作分配到你头上时，不妨把它当做是一种机遇。

在我们的工作中，多做一点更能帮我们远离痛苦、消除失败的隐患。从事艰难的工作，一定要让自己耐得住寂寞，要吃得了苦，要比别人付出更多的时间和精力来完善工作内容。往往在别人午间、夜间休息时，在别人过双休日时，一个人在安静的办公室，付出你辛勤的汗水。也许在你加完班，回到家时，早已是夜色璀璨，家家饭菜飘香。但你辛勤地工作，付出的心血和汗水终能得到回报。

工作及事业是一个施展自己才能的大舞台，多做一点更有助于你的成功。我们寒窗苦读获得的知识，我们的应变力、决断力、适应力等诸多能力都会在这样一个舞台上得到展示。生活中，不管做任何事，我们都应把心态回归到零。抱着空杯的心态，抱着学习的态度，把每一次任务都看做是一个新的开始，一段新的体验，一扇通往成功的机会之门。不是经受多大的痛苦和失败，记住"每天多做一点，多努力一分钟"，那么你离成功仅仅一步之遥！

幸福悟语

战胜失败、取得成功需要一个过程，是将勤奋和努力融入每天的生活中的过程。有些时候，你甚至不必比别人多做许多，只需一点，就可以出类拔萃。一个成功的推销员这样总结他的经验："你要想比别人优秀，就必须坚持每天比别人多访问5个客户。"多做一点，不会错！

大多数的失败都是因为半途而废

生活中，有一些人做事情有头无尾、半途而废，无法将事情做得圆满，他们最终会成为一个平庸之辈；而那些有上进心的人，往往有理想、有志气，积极肯干，不惧艰难，最终为自己赢得美好的未来。遇到痛苦和失败，如果就此放弃，有时候会令我们遗憾终生。

有句名言这样说"锲而不舍，金石可镂；锲而舍之，朽木不折"。它告诉我们，在向目标前进的过程中，不惧怕失败和痛苦的打击，我们就能取得成功。我们为人处世关键在于要有恒心，目标专一，持之以恒。一个人如果要想取得事业的成就，就必须要有恒心，持之以恒，不怕困难，不能半途而废。要将那些痛苦

六、永不放弃我们的信念——把自己培养成不怕失败的人

踩在脚下，鼓足信心再接再厉，才会改写失败的局面。

伏尔泰曾经说过："要在这个世界上获得成功，就必须坚持到底，宝剑至死都不能离手。"那些成功人士在他们成功之前，不可避免地都会遇到许多失意和痛苦，甚至是多次的失败。如果中途你放弃了，就等于你放弃了一个成功的机会，因为那轰轰烈烈的成功之前的失败，往往离成功只有一步之遥，中途退却的人再也看不到成功后的绚丽风景了。自古以来，那些所谓的英雄，并不比普通人更有运气，他们只是比普通人更有坚持到最后的勇气而已。

下面请看一个故事吧。

从前，有个农夫，由于全家人要喝水，于是他便出来找水。他挖得很用劲，本来坚持下去就会挖到水，但他却在距离水源很近的地方停下不干了，还说这地方没有水，放弃了这次很好的机会。

于是他去别的地方找水，第二个农夫看到这个被人废弃的水井，继续深挖下去，没过多久就挖出了水。第一个农夫知道后，懊悔不已。

故事里那个农夫如果能一直坚持下去，再挖几米，他就一定会找到水。在我们的生活中，类似的事情比比皆是，比如运动会中的长跑比赛，有很多人能坚持下来，并且取得了很好的成绩。但有一少部分人未能坚持下来，跑到一半就不跑了，中途就退出了赛场，未跑完全程也就不能为自己的成功奠定基础。而有些人，哪怕跑不动了，走也要走完全程，这样才是坚持到底，最终也能取得一定成绩。生活中，如果我们在做事的时候受到一些挫折，也一定要坚持下去，不能罢手不干。

做事情要不断地克服困难，不断地努力，成功便会浮出水面。爱迪生在发明的道路上不是一帆风顺的，为了发明电灯，他曾试过几千种材料，最后才发现了钨丝可以坚持不断地发出10天的光亮。在发明的过程中，他没有想过要放弃，只想试验一定成功，最后终于发明了电灯，为人类带来了光明。可见，做事不能半途而废，否则不会成功。坚持到底，就能胜利。

痛苦和失败为我们的成功做好了铺垫。要想办成一件事情，切忌半途而废，否则，就永远成不了大事。要知道，半途而废的人永远也不会成功。

请再看一则事例：

古时候有个叫乐羊子的人，他告别妻子到外地求学，但学习的艰辛，求学的清苦，使他感到很乏味。他在书塾待了一年后终于决定弃学返乡。当乐羊子进门时，妻子露出惊喜而略带诧异的脸，当她看到乐羊子那沉甸甸的行装，脸上的笑容消失了，她似乎猜到了什么。妻子没说什么，只是拿出一把剪刀，只见她走到织布机边，"咔嚓"一声，便将织布机上织着的一匹布剪断了。乐羊子大叫起来，真是太可惜了！这是一块图案精美的花布，只差一点就要完工了。"这本是一块快要完工的布，但我剪断了它，它便成了一块废布。"妻子说："求学的道理也是一样，若能坚持到底，付出艰苦的努力，就能成为一个有用的人，但若不能坚持，停下来放弃攻读，就会前功尽弃，如同这块废布一块，成为一个毫无用处的人。"乐羊子低头不语，他感到非常羞愧，若不

六、永不放弃我们的信念
——把自己培养成不怕失败的人

是妻子谆谆教诲,自己岂不是会虚度光阴,成为一个无用之人。想到此,乐羊子便打起行装,决心回到书塾去完成学业。

这则故事里,乐羊子的妻子教会了他做事最大的禁忌,即做事切忌半途而废。中途退出,我们之前所做的努力都会白白浪费。真正想成大事的人,永远要明白这个道理。要让痛苦和失败有价值。

无数实践证明,在这个世界上不会有什么事是办不成的,也没有什么困难是人们不能克服的。乐羊子在妻子的帮助下,刻苦攻读,最终成为一代大文学家。我们要摆脱半途而废的做事禁忌,就要努力克服害怕困难的思想,树立无坚不摧的信念,还要讲究方法,在高效中规避失败,赢得成功。

选定一个目标,我们就要锲而不舍地去努力。常在森林里打猎的猎人都知道,老虎和绵羊的实力根本不可比拟,虎落羊群,羊儿四散溃逃,老虎只会盯一只追,这样就不会盲目地瞎跑,抓住目标猎物可以说十拿九稳;如果没有固定目标,那么每一只羊都会精力充沛地逃生,而老虎只会耗费体力,结果可能一只也追不上,它的晚餐就不会有着落。

半途而废只会浪费我们的时间和精力,也会耽误我们事业的进展。持之以恒的精神对经商者来说尤为重要,经商需要风险,经商者要有心理准备去面对即将迎来的打击。对创业者来说,更要经得住痛苦和失败,只要认准了目标,有一套可行的发展脉络图,我们就不会因暂时的失败和痛苦停滞不前。坚持到底,成功就会属于你!

幸福悟语

失误、失败并不可怕，我们要相信只要我们自己勇于承受，在失败中总结经验与教训，坚定信念，继续坚持自己的事业，那么就一定会取得成功。失败和痛苦是为成功做好的铺垫，疾风知劲草，岁寒知松柏之后凋，成功贵在坚持不懈，贵在矢志不渝！

学会把负数变成正数

改变带来机遇，它会将负数变为正数，将痛苦变为快乐，将失败变为成功。但任何人在行动中都会不断地面临改与不改之间的挣扎，因为改是必须与原来的习惯对抗，很多人会在不知不觉中回到原来的习惯。所以必须要不断地提醒自己走出以往的习惯，告诉自己原来的习惯是不利的，不改变是会付出代价的。只有改变才会将负数变成正数，困境才会有转机。

生活中，很多人运气并不十分好，甚至还很糟糕，他们常常处于人生的负数状态。比如拥有才华的人却找不到一份满意的工作，壮志满怀的人却只能从事枯燥简单的工作，立志有所建树的人却下岗失业。事实上，大家都在不停歇地努力着，努力将自己掌控的东西，从负数变成正数。将那些带给我们痛苦的失败的东

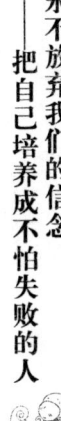

六、永不放弃我们的信念——把自己培养成不怕失败的人

西转化成有利的因素，等着有一天利用它来叩开成功的大门。诚如自古以来流传的俗语"天无绝人之路"，只要我们有一份信心，正视失败和痛苦的心态，积极运用自己的智慧，凭着一股勇往直前的精神，我们就能扭转自己的人生劣势，将负数变成正数，出奇制胜。

有个贫穷的农夫手里只有很少的钱，只够买下一块谁也不想要的土地。当他来到这块快属于他的领地时，十分懊丧，因为这块地非常贫瘠，既不可以种粮食、水果，也不能养猪圈牛，能生长的只有白杨树及响尾蛇。农夫的妻子骂他愚蠢，周围的人则抱着无可奈何的同情。可农夫认定土地虽说贫瘠，却是自己的希望所在，他没有埋怨，更没有绝望，最后他有了个好主意，就是利用那些响尾蛇，把那些人人都感到厌恶的东西变为自己的财富。他开始养殖大量的响尾蛇，然后取出蛇毒，运到各大药厂去做蛇毒的血清；而蛇皮高价卖给工厂做皮包，蛇肉则制成美味可口的罐头卖到了世界各地。随着他养蛇业的壮大，声名远扬，许多人慕名前来参观。一年的游客居然达到数万，这又是一笔丰厚的收入。他的这块昔日谁都不要的荒地成了他的聚宝盆，这个位于美国佛罗里达州的响尾蛇村现在可谓牛气冲天。

如果我们处在困境之中，就像那位农夫一开始拥有的只是一块再贫瘠不过的土地，难道真的只能在绝望之中度过潦倒的一生吗？许多人未必羡慕这个农夫的财富，但一定会赞赏他的聪明，我们关注这位离我们如此遥远的这个农夫，是因为他的成功经历告诉我们，必须以开放、睿智、积极的态度去对待自己的生活，要明白在不可更改的人生境遇里，学会把负数变成正数，镇定从容地去剔除千百种的劣势，找到那个潜藏着的能打开突破口的优势，从而就能改变自己原本不妙的人生。

曾经有一位研究成功学的学者这么说："在人生命中最重要的一件事就是不要把自己的收入拿来做资本，因为任何一个傻子都会这样做，真正重要的是学会从你的损失里获利。"因此，有良好的背景或是有个天赐良机固然可以帮助一个人取得一时的成功，但实际上，并非所有人都会有这样的好运气。所以，就让我们做个聪明的"农夫"吧，学会从劣势中转化不利因素，挖掘出有助于我们取得成功的潜在优势，这点对我们摆脱失败的阴影尤为重要。

当你试图改变自己的时候，一些消极且阻止你改变的人就会出现，很多人的改变会受到外在环境的影响而以失败告终。"江山易改本性难移，改变哪里有这么容易？""我想改，几年都改不了，你试试看但是不要抱太大的希望！""真的假的？别傻了，浪费这种时间做什么？不如多想想如何多签几份订单去。"消极阻止你改变的人会到处都有，这些人最喜欢做的事情就是泼你的冷水，最喜欢看的就是笑话，他们认为你的负数状态一直就是那样了，也无法更改，他们自己做不到的事情别人也不会做得到，他们习惯拿自己的标准来衡量别人。假如你深陷困境，受到他们的影响而立场不够坚定，你就会受其影响而落入改与不改之间挣扎的旋涡里，让自己十分痛苦，甚至还会无法自拔、放弃改变。

你要明白，任何人都不会为自己所说过的话、给别人泼过的冷水负责任，但所有发生的结果必须要我们自己去承担。

六、永不放弃我们的信念——把自己培养成不怕失败的人

一个心理学家做了一个很有意思的实验。他要求一群实验者在周日晚上，把未来7日所有烦恼的事情都写下来，然后投入一个大型的"烦恼箱"。到了第三周的星期日，他在实验者面前，打开这个箱子，逐一与成员核对每项"烦恼"，结果发现其中有九成并未真正发生。接着，他又要求大家把那剩下的一张纸条重新丢入纸箱中，等过了三周，再来寻找解决之道。结果到了那一天，他开箱后，发现那些烦恼也不再是烦恼了。

这个有趣的实验提醒人们，大多数的烦恼是自己找来的，也即"自找麻烦"。通过实验，被测试者明白了自己烦恼的根源，所以在第二次实验里，将那些无形的烦恼抛弃了。据统计，普通人的忧虑有40%属于过去，有50%是属于未来，只有10%是属于现在，而92%的忧虑从未发生过，剩下的8%则是我们可以轻易应付的。一旦人们正视现在的情况，他们的烦恼就减少了。

很多人有所不知的事情是，大多数疾病都可以不治而愈。与之相同，大多数的烦恼都会在第二天好很多。将负数变成正数，我们就要掌握克服忧虑的秘诀，并养成一种超然的态度，把内心泛滥的忧愁当做已经流逝的江水，不让自己沉溺在里面。要把精神集中在现实和身边的事物，还要养成凡事往好处想的习惯。有的时候，我们的心好像置身在严冬的黑夜中，我们要将负数变成正数，立刻把值得快乐的理由一一罗列下来，这样就能引导我们快速地从痛苦的迷宫中脱身。愿我们从容面对生活，愿我们从容对待一切。

在我们的人生境遇里，我们要善于把负数变成正数，镇定自若地去剔除各种劣势，将痛苦踩在脚下，努力找到一条潜藏着的能打开突破口的优势，就能最大限度地改变自己原本不妙的命运。

幸福悟语

我们之所以痛苦，是因为还未找到通往快乐的方法。生活中，要积极洞察一切，处置一切，将不利于我们前进的负数变为正数。那样，就不论在什么样的环境里，都能够像雁过长空潇洒地飞过。我们还要始终保持着一种宁静、平和的心态，才能走稳自己的人生之路。

善于利用零散时间创造价值

痛苦和失败不能成为我们人生的全部，当痛苦降临，我们要试着转移注意力，分散痛苦带给我们的伤害，此时，你可以将零碎的时间利用起来，做一些有意义、有价值或者是无关紧要的事情，但最起码，只要做事，我们就会创造一些转败为胜的机会，赢得未来的成功。

很多人因没有珍惜时间而导致失败，而更为痛苦的是他们不知道为什么，即使知道了也无从改变，也有很多人因零碎时间太多而陷入平庸。在我们的生活中，有许多零碎时间往往因不被珍惜而流逝,最终自己陷入失败的境地。例如,早上不想起床在被子里翻来覆去、"赖床"的时间,往返上班地点的时间,发呆的时间,和别人打打闹闹的时间,浪费在电视机前的时间,在车上漫长地等待时间……这些看似不起眼的零碎时间,假如把它们积累起来好好利用的话,肯定会有很大的收获。

著名作家伏尔泰曾经这样说:"最长的莫过于时间,因为它无穷无尽;最短的也莫过于时间,因为我们所有的计划都来不及完成;在等待的人看来,时间是最慢的;在玩乐的人看来,时间是最快的;它可以无穷地扩展,也可以无限地分割;当时谁都不加重视,过后都表示惋惜;没有它,什么事都做不成;不值得后世纪念的,它就令人忘怀;伟大的,它就使他们永垂不朽。"

一天,一位年近花甲的哲学教授在上他的最后一节课。在课程行将结束时,他拿出了一个大玻璃瓶,又先后拿出两个布袋,打开一看一个装着核桃,另一个装着莲子。然后他对同学们说:"我今天给你们做一个实验,我还是在年轻时看到过这个实验的。实验的结果我至今仍然常常想起,并常用这个结果激励自己,我希望你们每个人也能像我一样记住这个实验,记住这一实验结果。"老教授把核桃倒进玻璃瓶里,直到一个也塞不进去为止。这时候他问:"现在瓶子满了吗?"学过哲学的同学已经有了几分辩证的思维。"如果说装核桃的话,它已经装满了。"教授又拿出莲子,用莲子填充装了核桃后还留下的空间。然后,老教授笑问道:"你们能从这个实验里概括出什么哲理吗?"同学们开始踊跃发言,并展开争论,有人说这说明了世界上没有绝对的满。有人说这说明了时间像海绵里的水,只要想挤,总可以挤出来的。还有人说这说明了空间可以无限细分。

最后,老教授评论说:"你们说得都有一定的真理成分,不过还没有说出我想让你们领会的道理来。你们是否可以反过来或逆向思考一下呢?如果我先装的是莲子而不是核桃,那么莲子装满后还能再装下核桃吗?你们想想看,人生有时候是否也是如此,我们经常被许多无谓的小事所困扰,看着人生沉埋于这些琐碎的事情之中,到头来,却往往忽略了去做那些真正对自己重要的事情。结果,白白浪费了许多宝贵的时间。所以,我希望大家能够永远记住今天的实验,记住这个实验的结果,如果莲子先塞满了,就装不下核桃了。"

上述故事里,老教授语重心长地教育学生,要利用好人生的许多零碎时间,尽量规避那些零碎的小事,做一些有意义有价值的事情,那样,人生才是圆满的。

在我们的生活中,常常能看到人性的一个弱点:避重就轻。尽管都知道哪个更重要,但总会找到各种借口和理由去躲避它。当然结果是:味淡的莲子尝了不少,却难得有机会去品尝那香甜的核桃了。人生苦短,青春非常有限,我们必须清晰地认识到哪些事情是最重要的,哪些事情是最关键的。

为了不让自己掉入痛苦的深渊,我们就要做一些选择和权衡。在一大堆的事情面前,我们应该分清这些事情的轻重缓急,先做那些对实现自己目标而言最重要的事情,这样我们就不会捡了芝麻,却丢了西瓜,也不会眉毛胡子一把抓。利用好零碎时

六、永不放弃我们的信念
——把自己培养成不怕失败的人

间，做有意义的事情，我们的人生就不会那么庸俗，那么碌碌无为，那么孱弱，那般难以选择。否则，终究有一天我们会发现，我们所得的远远大于那些放弃的东西。

请再看一则故事：

在火车上，一个年轻的小伙子一直在不停地写东西。坐在他旁边的中年男人凑过去看了看，原来他在给客户写短笺。中年男人开口说话了："小伙子，我注意到了，在这两个小时里，你一直在给客户写信。你是一个出色的业务员！"

小伙子抬头微笑地看着中年男人："是的，如果不是出差在火车上，现在正是我的上班时间。是我应该做这些事情的时候。"中年男人对小伙子的这种敬业精神很是感动，希望他能够成为自己的得力助手。于是说："我想聘请你到我公司来做事，尽管我知道你的老板肯定会很重视你，但是我提供给你的待遇绝对不会比他差。"中年男子充满期待地看着年轻人。

年轻人笑了笑："我就是老板。"

上述故事可能会让大家会心一笑，但我们得到的启示是，成功的人往往是利用零碎时间做事的楷模。作为一名员工，为了提高工作效率，也应该学会时间管理，不让每一分每一秒白白浪费掉，也不叫一日闲过。如果我们能像故事中的年轻人一样，充分地利用好零散的时间，痛苦和失败就会离我们远去，成功也会更加青睐我们。

打败痛苦，就需要省下用来痛苦的零碎时间，去创造更多价值。明白了零碎时间的宝贵之后，我们就可以马上行动，去实现我们的目标。我们可以把自己每天的活动时间都记录下来，并从中分析，哪些是被我们浪费掉的零碎时间。如果你每天都要坐30分钟左右的公交车去公司，你可以坚持在路上听英语，日积月累，你的英语能力肯定会大有长进。你也就不再为成绩差而痛苦了。或者，在我们午休的时候，学习几个商业概念，半年下来，你会为自己所取得的收获而感到惊讶。

走出人生的痛苦低谷，很多名人都是从珍惜时间开始的。伟大的生物学家达尔文十分重视有效利用零碎时间，在这方面堪称楷模，也充分提高了他的工作效率。他曾说："我从来不认为半小时是微不足道的一段时间。"鲁迅先生也曾说过：我只是利用别人喝茶的时间从事读书写作，所以才完成了那么多的作品。把时间积零为整，精心使用，这正是古今中外很多名人取得辉煌成就的奥妙之一。另外，我们要有利用这些零碎时间的积极心态，而不是想"只有5分钟了，什么也干不成"，而是要想"还有5分钟，我要充分利用它"。

规避痛苦和失败的风险，就要善于利用零散时间。工作的时候就专心工作，该娱乐的时候就尽情地玩，像捡破烂一样抓住一切可利用的零碎时间，积少成多，有意义地度过每一分钟，这是规避失败风险、取得成功的秘诀之一，大家赶快行动起来吧！

幸福悟语

人生浪费了太多的零碎时间，导致了很多人事业没有起色，差一点而未达到成功，很多功亏一篑的事情正是由于我们不重视

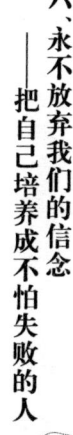

零碎时间的应用。消除痛苦,消除失败隐患,就让我们从利用零碎时间创造价值做起吧!它会让我们的生活更加充实和美好!

提高效率,成功会变得更容易

千万遍的冥思苦想不如一次实际的行动,成功在于好的目标加上高效率的实行。人们沉溺于闲散的时间里,荒废着青春,被一些杂乱的事吞噬着年华,这样的生活只会让我们更加痛苦和失败。积极做事,并从中提高我们的效率吧,成功的概率就会增大。

真正有志于成功的人一定是善于利用时间、工作效率极高的。一般来说,时间并不是大段大段地以整块的形式出现,它们无影无形地隐藏起来,就像不起眼的水珠,几秒,甚至几十秒,无声无息地落入我们岁月的长河。如果我们不管不顾它们,时间就会烟消云散,我们的工作也会停滞不前;时间就像微小的芝麻粒掉进了石头缝里,很难再把它们重新拾起来,我们的工作效率也会大大地下降。一天中很多时间就这样白白地被浪费了,一些有价值的事情我们并未完全办好。但是,只要你抓住时间的行踪,有效地利用好它们,它们就能变成江河之水,带我们到达胜利的彼岸。

因此,每一个想要从失败中翻身的人,都应该学会充分地利用好闲散时间,以提高自己的效率。只有效率提高了,我们才能加大成功的砝码,更好地把握自己人生的幸福时光。当我们在那些潜藏的、短暂的时间里做了别人放弃的事情,你就比别人快了一步,人和人之间的差距就是这样被拉开的。

美国有一个农庄,经过统计报告发现其农作物的产出值达平均上限的二倍,这是令人难以置信的。有一位效率专家想去研究高效率原因,他千里迢迢来到这个农庄,看到一户农家,就推门而入,发现有一位农妇正在工作,她怎么工作呢?两只手打毛线,一只脚正推动着摇篮,摇篮里睡着一位刚出生不久的婴儿,另外一只脚推动一个链条带动的搅拌器,嘴里哼着催眠曲,炉子上烧着有汽笛的水壶,耳朵注意听水有没有烧开。但是效率专家觉得很奇怪,为什么每隔一会儿,她就站起来,再重重地坐下去,这样一直地重复?效率专家再仔细一看,才发现这位农妇的座垫,竟是一大袋必须重复压,才会好吃的奶酪。因此,效率专家说不必查了,他已经知道高效率的原因了。

上述故事告诉我们,同样的一段时间,有的人做了很多有价值的事情,而有的人却在蹉跎时光里度过了一段慵懒乏味的时间。成功者和平庸者的界限从此越来越大。商场上,一个企业如果生产任务饱满,既是机遇,又是挑战,如何使生产效率提高、提高、再提高,是以赢利为目标的企业得以持续发展的重要保证。能否保质保量地完成客户的产品,这是企业能否再上一个新台阶的重大考验。

每个人都会提高自己的效率,关键在于你是否开始想开始做。在平日，我们积极出主意、想办法，多实践，效率就会越来越高，摒弃失败，追求发展就不会仅仅停留在纸面上，而会变成亲身经历的现实。

要想将痛苦踩在脚下，就必须要提高自己的做事效率，只有这样才能降低自己未来的痛苦指数，不给失败可趁之机，一步一步地靠近自己心中的成功。我们是否愿意提高自己的效率在于自己的主观性，如果你不向前走，谁又会推你前进呢？因此，拥有积极主动的态度，是实现个人愿景的基本前提。如果我们不为提高效率想办法，而总是在找借口或是抱怨，在谩骂声中消耗着自己的生命，将最终陷入痛苦和失败的境地。高效的人致力于实现有能力控制的事情，而不是被动地担忧那些没法控制或难以控制的事情。

成功的人通过努力提升效能，从而为规避失败、取得成功打下基础。积极的心态能让人们拥有"选择的自由"。我们虽然不能控制外界的环境，但我们可以选择对客观现实做出积极的反应。为脱离痛苦，我们需要采取行动，拥有对自己负责的态度。个人行为取决于自身，而非外部环境，并且人有能力、也有责任创造有利于自身发展的外在环境。

幸福悟语

拖延、慢性子让人堕入痛苦，而高效则相反。工作有效率，可以赢得更多的时间，可以规避失败；休息有效率，可以让心灵满足、精力充沛，更加渴望投入到工作，从而进入一个良性的循环模式。

七、营造自我快乐心境
——得到属于自己的精神富足

痛苦和失败对于我们的精神是一种伤害,此时,除了坚强地与困难抗争之外,我们还需要积极营造内心的快乐心境,使自己的精神富足。

生活里,我们需要用淡定的心态去营造美满的生活。如果不是急事大事,索性放下不去管它,过一阵子再说,或许会有更清醒的认识、更合理的打算,这是种精神层面的富足。要把握好眼前的时光,不要让它白白流逝。必要的时候,我们要果断地放弃最初的打算,重新安排其他事情。有得必有失,想在方方面面都有建树很难,经过慎重选择后,对得到的会心安理得,对失去的会心甘情愿,没有紧张和焦虑,没有沮丧和失望,快乐心境自然会回归到我们的生活之中!

适应环境的变化，踏上新的征程

没有什么事是一成不变的，社会在不断向前发展，生活也在日新月异。有时候，故步自封、停滞不前、墨守成规、因循守旧等这些缺点让我们陷入了痛苦的困境。而只有让我们思想与时代同步，始终紧跟时代的潮流，主动地学习、借鉴和吸收先进思想，积极适应环境的变化，才能在千变万化的社会发展中把握机遇，才能铸就成功，攀上人生的高峰。

不能适应环境的人无疑是很痛苦的，因此，我们必须学会积极地适应环境，不管是自然环境还是人文环境。比如，在干旱少雨地区生活，我们就得学会节约用水，忍受风沙的肆虐；在高原生活，我们就得适应高原缺氧的环境，放慢自己的节奏；在荒郊山野生活，我们就得忍受荒凉、寂寞和艰苦的生活条件；在闹市生活，我们就得习惯噪声、污染、堵车、拥挤。总之，不论是在什么环境，我们都要积极地去寻找自己的空间，摒弃失败与痛苦的干扰，去开发自己的人生。

社会环境的变化发展是不以人们的主观意志为转移的，常常超出人们习惯的生活轨道。世界不在我们的掌握之中，但命运却掌握在我们自己手中。摒弃那些痛苦和失败，我们常常必须不得不改变自己，积极地让自己融入环境之中，与自己生存的环境和谐共存，才能创造更多的价值。

不会游泳的人站在水边，不会跳伞的人站在机舱门口，都是越想越害怕，在复杂环境面前，恐惧让自己陷入了痛苦的境地。适应环境、战胜恐惧的最好办法就是行动，做起来就不知道害怕了。有时候，之所以痛苦，就是因为还没有去行动。

2000年，美国杂志的一项排行榜中，《福布斯》财经双周刊排名全美杂志第11名。随着杂志声望的增高，人们称《福布斯》杂志是美国资本家的有利工具。

可能大多数人并不知道，这家美国最大的财经杂志，它80多年的发展成长就是一个美国式的经济神话。在1900年的时候，当福布斯由苏格兰移民美国时，他是个几乎身无分文的穷光蛋。这位苏格兰裔的淘金者为了养活父母与9个只有小学文化程度的兄妹，最初在一家地方财经杂志当记者。他凭着当财经记者时积累的知识以及对金融商业天生的敏感，于1917年告别打工生涯，自己做起了老板，创办了全新的财经杂志《福布斯》。20世纪初，正是美国金融商业大发展的时期，问世以来的《福布斯》密切关注市场变化，积极适应新的市场发展环境，率先发布财经信息，在短短几十年中，它凭借东风，快速地发展。该杂志每期发表的评说股市的"瞬间回顾"文章，以其独特的视角、翔实的数据、通俗的文风成了当今世界上所有关注华尔街股市人的必读之作。

由于关注市场变化，能够积极适应环境，该杂志取得了巨大的成功。该杂志从1982年开始刊登美国400位富翁的排行榜，与

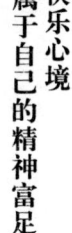

《财富》杂志公布世界500强的排行榜一样，它成了国际经济最新变化的权威发布阵地。史蒂夫说："此项工作开始时很困难，富人的财产诸如证券清单、年度报表很难估算。"但是，由于满足了人们对此项财经新闻的需要，他们成功了。为了关注全球经济，《福布斯》杂志还办了一份英语版的全球刊。

这个故事里，正是因为史蒂夫所创办的杂志能积极地去适应不断变化的环境，主动出击，主动去改变自己，才最终获得了成功。史蒂夫曾经这样说："每个面包师每天都要拿出新鲜出炉的糕点供应大众。"史蒂夫认为自己领导的《福布斯》杂志也应这样，与时代同步、追求变化、赶超强者，只有这样才能打败竞争者，让自己永葆向上的活力。

对我们来说，只有不断地追求和适应新环境才能战胜失败的痛苦，才能找到属于自己的胜利果实。但现实生活中，我们习惯的那些状况一直在不停地改变。随着环境的变迁和时间的演进，那些原来我们很容易得到的果实都有被搬走的可能，所以我们必须懂得保存果实、积极适应环境的变化的方法。

变幻莫测的环境变化也许会令人痛苦，但越是感受到内心的痛苦，越可能激发出自己面对痛苦以及找到解决痛苦的通道。适应环境就是一个探险的过程，在探险的过程中我们可能会遭遇到各种惊险和困难，这些遭遇都会给我们带来不同程度的恐惧和痛苦，但同时也会激发我们自己都不知道的潜能来与自己遭遇的这些惊险相抗衡。最后，在这种与恐惧和痛苦的挣扎和抗衡中，我们很有可能会发现自己战胜痛苦的力量。这种力量会帮助我们找回真正的自信,这种力量更帮助我们无论在遇到什么样的恐惧和痛苦的时候,都可以无所畏惧地直面人生。

在适应环境的旅程当中,对复杂形势的痛苦探索,可以锤炼我们生命的意志力,从而使我们获得安全感与自信心。在对陌生环境探险的过程中,我们总是诅咒痛苦给我们带来的不适感,我们总会讨厌它,千方百计想要逃避它,想方设法绕开它,但是它总是一刻不停地追随着我们,直到我们有能力去胜任环境,迎接新的生活。

为了摒弃痛苦和失败,应付那些接连不断的挑战与困境,我们要随时注意任何环境变化之前的迹象。改变不会一下子发生,我们唯有观察变化才能事先做好准备。及早观察事情的细微变化,才能帮助提早适应即将到来的大变化。在不断观察中,我们可以发现事物变迁前的种种迹象,我们不会沉浸在安逸舒适的现状中不能自拔。只有这样,我们才能在变化前先调整自己,赶上变化的脚步。走出"适应环境变化"的第一步,我们应该承认事实,抛弃原先的习惯。我们要明白,变化一旦发生,危机就会一直潜藏着,就算暂时躲开问题,迟早还是要面对新的危机。因此,我们越早承认事实,就能越早让自己分析如何做出适当的变化,规避各种失败的风险,减少那些逃避问题所带来的痛苦。

人生像在走迷宫,我们永远不知道将来会碰上什么事。但如果我们能够认识到环境变化是会发生的,那么我们将会从容地准备好迎战那些未知的事物。变化是无可避免的,但痛苦也会被积极地调控,前提是我们要学会接受事实,才能踏上人生新的征程。

七、营造自我快乐心境——得到属于自己的精神富足

幸福悟语

痛苦和失败，它丰富了我们的生命，扩大了我们的包容心，也让我们了解了我们所不知道的自己，同时更让我们成为真正的自己。我们要想保持快乐心境，就要积极地去适应新的环境。也因为有了环境的变化，才使生活更有趣，让我们的生活多姿多彩。

拓宽思路，给成功一点"赢"思路

在漫长的人生道路上，人们更习惯于相信经验，用惯用的思路来解决问题，殊不知，惯性思维会将我们带入失败和痛苦之中。狭隘的看法，错误的判断，导致我们的视野不再开阔，生活变得乏味。只要开动脑筋，广泛地扩宽成功的思路，我们赢的概率就会加大。

人们很容易落入思维惯性当中，以至于不知不觉中给自己带来了痛苦和失败。由于人们长期形成了刻板印象和固定的思维方式，那些经过成功的经验或失败的教训验证的"正确思维"，用以指导实践活动。惯性的影响是一种习惯性的神经联系，思维总是摆脱不了已有"条条框框"的束缚，于是就表现出消极的习惯定式。惯性定式容易使人形成狭隘的思维，这对解决问题既有积极的一面，也有消极的一面。在解决问题的过程中，它是一种"以不变应万变"的思维策略。在日常生活中，由于它的"保险性"可以帮助人们解决很多的问题。但随着时代发展，当新旧问题发生冲突时，思维的惯性往往会使解题者步入误区，往往养成一种呆板、机械、千篇一律的解题习惯，让人步入歧途还浑然不觉，不利于创造、创新、创优，严重阻碍了个人的发展。

在过去，在生产队里总会看到社员把大水牛拴在一个木桩上，木桩很小，插地也不深。常有人问："大水牛那么粗野，那么有力，为什么只拴一个小小的木桩，难道不怕它挣脱逃跑吗？"看牛的社员总是呵呵一笑，憨厚地说："它不会跑掉的，从来就是这样的。"这让人有些迷惑，这么一个小小的木桩，就是小孩子只要稍稍用点力，都能拔掉木桩，为什么牛不会呢？

原来在这头牛还是小牛的时候，就被拴在这个木桩上了。刚开始，它不是那么老实待着，也企图撒野挣脱木桩，被拴绳磨得疼痛直至流血，折腾了一阵子还是在原地打转，经过无数次的尝试后，见没法子逃脱，它就蔫了。后来，它长大了，却再也不想跟这个木桩斗了，也就乖乖地待在原地。

这个故事告诉我们，在牛的脑海里已经形成了一个思维定式，在小牛的时候，只要鼻绳子拴在木桩上，牛就没有办法逃走。因此，当它长大后，尽管它力气很大，被拴在小小的木桩上，由于思路的局限，它也不会再做自认为是徒劳无功的努力。牛挣脱不了小木桩，因为它被限制在固定的思维定式里面，想当

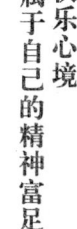

七、营造自我快乐心境——得到属于自己的精神富足

然地重复着那一种合乎逻辑的行动,正是由于这种思维惯性,牛才没能摆脱小木桩。可以看出,痛苦和失败的根源不仅是在于那个小木桩,更在于它的思维定式,之所以痛苦,就是因为它用思维定式为自己设置了精神枷锁。

在三国故事中,诸葛亮能用"空城计"成功逼退司马懿,究其原因就是因为司马懿头脑中已经形成了思维惯性,他的潜意识就认为诸葛亮做事谨慎,不可能冒险,从而错失了消灭对手的大好机会。古代有一个宋国的农夫,他偶然捡到一只撞树而亡的瞎眼兔子,从此就不干活了,他的思维惯性以为这个地方还会有别的兔子来,于是天天守株待兔,让自己田地荒芜陷入痛苦。同样,刻舟求剑说的也是这个道理。现实生活中,人们不拓宽工作的思路,往往一成不变地执行上级的指令。尽管下级执行力强是必需的,但思维空间是无限的,在变化飞速的现代社会,面对新机遇与新挑战,不给自己一点赢的思路,任何因循守旧、墨守成规的思维,都会导致自己坐失良机,无法逃脱痛苦与失败的厄运。

有一家效益相当好的大公司,为扩大经营规模,决定高薪招聘营销主管。广告一打出来,报名者云集。

面对众多应聘者,招聘工作的负责人说:"相马不如赛马,为了能选拔出高素质的人才,我们出一道实践性的试题:就是想办法把木梳尽量多地卖给和尚。"

绝大多数应聘者感到困惑不解,甚至愤怒:出家人要木梳何用?这不明摆着拿人开涮吗?于是纷纷拂袖而去,最后只剩下三个应聘者：甲、乙和丙。

负责人交代："以 10 日为限，届时向我汇报销售成果。"10 日到。

负责人问甲："卖出多少把？"答："1 把。""怎么卖的？"甲讲述了历尽的辛苦，游说和尚应当买把梳子，无甚效果，还惨遭和尚的责骂，好在下山途中遇到一个小和尚一边晒太阳，一边使劲挠着头皮。甲灵机一动，递上木梳，小和尚用后满心欢喜，于是买下一把。

负责人问乙："卖出多少把？"答："10 把。""怎么卖的？"乙说他去了一座名山古寺，由于山高风大，进香者的头发都被吹乱了，他找到寺院的住持说："蓬头垢面是对佛的不敬，应在每座庙的香案前放把木梳，供善男信女梳理鬓发。"住持采纳了他的建议。那山有十座庙，于是买下了 10 把木梳。

负责人问丙："卖出多少把？"答："1000 把。"负责人惊问："怎么卖的？"丙说他到一个颇具盛名、香火极旺的深山宝刹，朝圣者、施主络绎不绝。丙对住持说："凡来进香参观者，都有一颗虔诚之心，宝刹应有所回赠，以做纪念，保佑其平安吉祥，鼓励其多做善事。我有一批木梳，您的书法超群，可刻上'积善梳'三个字，便可做赠品。"住持大喜，立即买下 1000 把木梳。得到"积善梳"的施主与香客也很是高兴，一传十、十传百，朝圣者更多，香火更旺。

这个故事告诉我们，不同的思维，不同的推销术，却有不同的结果。关键是我们如何去拓宽思路，在别人认为不可能的地方

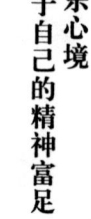

七、营造自我快乐心境——得到属于自己的精神富足

寻找可能性，给成功一点"赢"的思路，开发出新的市场来，可以令我们的事业不断创新、迈上一个台阶。

习惯的力量有时候是负面的，它会成为阻碍我们成功的障碍，让我们扔掉握在手里的机会而浑然不觉。坏的习惯和思维尤其如此，要想在生活中获得意想不到的收获，我们就必须要打破头脑中的思维定式，开动脑筋、标新立异，拓展多种思路想问题，不在惯性的道路上一路走到黑。

我们又何尝不是如此，人一旦形成思维定式，就会按照一种思维方式经营自己的人生，顺着定式来思维、思考问题，不想也不会转个方向、换个角度想问题。结果是越来越让自己痛苦，怎么也突破不了自己为自己设置的牢笼，视野始终是井口大的天地，终生不会与成功有缘。

拓展你的思路，往往会有出人意料的收获。螃蟹长得吓人，最初人们都不敢吃，可还是有人做了第一个吃螃蟹的人，发现螃蟹竟然是如此美味，突破了螃蟹不能吃的思维定式，从此螃蟹成了人们的美味佳肴，这个人就是成功的。

脱离痛苦，战胜失败，我们要培养"初生牛犊不怕虎"的精神，做事敢为人先，彰显个性，勇于在解放思想中求创新，在创新中求发展，在不断发展中求转型升级，才能真正履行好新世纪、新阶段、新的历史使命。只要冲破精神枷锁，我们就可以看到更多的风景，创造出更多的奇迹。

幸福悟语

拓宽心的思路，打破原有的思维定式，可以帮助我们快速成功，我们首先要克服思维的惰性和跳出思维定式，学会用发展的观点看问题，变换新的视角，就会让我们远离失败和痛苦。我们可以从欣赏舞剑悟出书法之道，观鸟飞造出飞机，从苹果落地悟出万有引力。总之，思想有多远，成就就有多大。

学会放松，为幸福护航

压力带给我们痛苦，但只要搬走内心的那块石头，你的生活就会变得轻松、惬意，在我们的生活中，我们没有必要让自己痛苦，不能让失败感长期占据自己的内心。我们要善于学会放松，为自己的幸福和快乐保驾护航。

成功的人大多都很从容，他们胸襟开阔，豁达大度，心比天宽。他们不为小事痛苦，能够在压力下放松自己，从不计较别人对自己的恩恩怨怨，不会计较别人对自己的误会和过失，不会计较周围人群对自己的嘲讽与冷落，遇事遇人都能泰然处之，会宽容别人、原谅别人，干干净净忘记过去的一切，他们的幸福在于

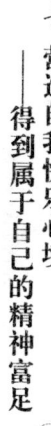

七、营造自我快乐心境
——得到属于自己的精神富足

懂得适当放松自己。即使有朝一日能登上高位，那些成功的人也能团结一切可以团结的力量，并能和反对过自己的人密切合作、一道工作。他们的轻松源自于宽广的胸怀和长远的目标。

太多的性格弱点让人产生痛苦，难以让他们从失败中脱离出来。放松的状态下，人们更容易成功。成功的人不会做作，不贪图虚荣。当工作平平淡淡时，他们不需要别人的"照顾"，当事业有了成就时，也同样不需要他人来吹捧和宣扬自己。

放松的状态让人自信，不会因为流言飞语而裹足不前，也不会因为贫穷清苦而陷入讨好谄媚的圈子，放松的人是幸福的。

有一个年轻人准备去探险。当时，正逢要去的地方遭受严重旱灾。年轻人随身带了一个沉重的背包，里面塞满了食品、切割工具、衣服、指南针、护理药品等。年轻人对自己的背包很满意，认为已为旅行做好了充分的准备。

一天，当地的向导检视完背包之后，突然问了一句："这些东西让你感到快乐了吗？"年轻人愣住了，这是他从未想过的问题。他开始问自己，结果发现，有些东西的确让他很快乐，但是有些东西实在不值得背着走那么远的路。年轻人决定取出一些不必要的东西送给当地村民。接下来，因为背包变轻了，他感到自己不再有束缚，旅行变得非常愉快。

通过上面的故事让我们深深地感悟到：我们生命里填塞的东西越少，自己才能越放松，越能发挥出潜能。为规避痛苦，我们应该学会在人生各个阶段定期解开自己的包袱，随时寻找减轻负担的方法，让自己放松，是为了更好地前行。决定一个人命运的走向的不一定是他所处的环境,而是他是否有一个放松的心态,是否懂得在任何情况下,都能停下来给自己的心灵洗澡,以便让自己远离失败和痛苦,活得更轻松、更自在、更洒脱,也更容易接近成功。

一位病人因为生活中的压力来找医生看病,然而医生却建议她做个实验,那就是两个星期不铺床。她大吃一惊但还是照做了。两个星期后,这个病人面带笑容、脚步轻盈地走进那位医生的办公室。她向医生说她第一次有两周没有铺床,现在的生活也一切正常。"你知道吗?我连盘子也不擦干了。"她笑着说。

就像这个故事一样,我们每个人都不必忍受莫名的痛苦,都应该学会在生活中放松,而不是让生活一味地紧绷下去,到最后受伤的还是自己,这样不仅会使我们的身心受害,还会影响你的工作和事业,甚至精神委靡,整天无精打采地虚度光阴,到最后一事无成。

为了追寻快乐的生活,我们要每天给自己一个希望,搬开心中的石头,让自己放松。要在生活、工作、家庭中不断寻找现实的平衡点,经常抚慰自己的心灵,始终保持一个阳光的心态,开心地生活,快乐地工作!

放松你的心态,你就能充分体会轻装上阵的惬意,在痛并快乐着的生活中,找寻到属于我们自己的快乐和幸福。

幸福悟语

抛弃痛苦就要先从放松我们的身心开始,其实放松很简单,就是让自己完全放松。可以在欢快的歌声中释放,听听轻音乐,让自己沉浸在其中;也可以做自己喜欢的事;还可以去户外走走,呼吸新鲜空气,把烦恼抛开。这时候,回首那些令你痛苦的事情,你会觉得当初的伤心太不值得了。

带给自己快乐, 带给他人激励

自己快乐,才会感染他人。人人都希望交到真心的朋友,你必须先对朋友真心,然后你会发现朋友也开始对你真心;同理,如果你希望快乐,那就去带给别人快乐,不久你就会发现自己越来越快乐。时刻提醒自己:痛苦是可以打败的,没有什么可以阻挡自己快乐,给别人快乐的同时,也就是给自己创造快乐!

人们都希望保持快乐的心境,远离那些令人痛苦的事情。那么,我们不禁要问,快乐是什么?其实快乐就是一种积极的心态,也是一种豁达的感觉,和一种博大的爱。它在具备大爱的人的心田里生长,积极、乐观、友善、宽容这些品质作为它的肥料。不管我们身居什么位置，也不管是富翁还是乞丐，若我们能用这些肥料经常地去培育它、浇灌它，快乐和幸福就会在你的心田里茁壮地成长，也将会遍布周围人的心田。远离痛苦和失败，就尝试着带给自己和他人快乐吧！

快乐超越了痛苦，让人藐视失败，重新获得成功的勇气。一旦人们感觉到了快乐，人们就会努力地去追求它，因为任何人都愿意生活在舒心的环境中。快乐同样具有"群体"性，一个人的快乐也许并不会长久，你的快乐只有能"感染"所在的群体，它才是持久的、完美的，同时一个人只要融入一个快乐的群体，他就会感觉到友善的存在，并能够善待他人，找到快乐的感觉。所以说，快乐是一种群体的快乐。

带给他人快乐，自己也会感受到愉悦。我们内心的富足，远胜过金钱的富足，快乐具有"交互"性的特点，快乐是个人的感觉，但它来自于周围的环境，来自于人们生活的环境和群体，来自于外界对我们的信任、支持、理解、宽容和爱护，在体会生活给我们带来快乐的同时，我们必须付出自己的爱心、真心、诚心、善心，将痛苦和失败踩在脚下。付出与回报就像作用力与反作用力一样的关系，它们的大小成正比，你给别人的快乐越多，自己也会越快乐。

哈理斯是著名专栏作家，一次他和朋友在报摊上买报纸，那朋友礼貌地对报贩说了声谢谢，但报贩却表情冷漠，没发一言。

"这家伙态度很差，是不是？"他们继续前行时，哈理斯问道。

七、营造自我快乐心境
——得到属于自己的精神富足

"他每天晚上都是这样的，"朋友说。"那么你为什么还是对他那么客气？"哈理斯问他。朋友答道："为什么我要让他决定我的行为？"

这个故事说明，一个成熟的人会掌握自己的快乐钥匙，他不会将自己的快乐交给他人来掌控，反而能将快乐与幸福传给别人。其实，每个人的内心里都有把"快乐的钥匙"，但人们却常在不知不觉中把它交给别人掌管，以至于让自己陷入痛苦的境地之中。

可悲的是，那些时常感到痛苦的人常常让别人来控制他们自己的心情。试想，当我们的情绪受他人掌控时，我们便觉得自己是受害者，对现状也无能为力，抱怨与痛苦成为我们唯一的选择。当我们责怪他人的时候，同时在传达着一个讯息："我这样痛苦，都是别人造成的，别人要为我的痛苦负责！"这时候我们就把一个重大的责任托给周围的人，即自己的快乐受制于他人。我们似乎承认自己无法掌控自己，只能痛苦地任人摆布，这种痛苦是可悲的。

黑格尔在《生命的哲学》里讲述了这样一则故事：

一个被执行死刑的青年在赴刑场时，围观人群中有一个老太太突然冒出一句："看，他那金色的头发多么漂亮迷人！"那个即将告别人世的青年闻听此言，朝那老太太站的方向深深地鞠了一躬，含着泪大声说："如果周围多一些像您这样的人，我也许不会有今天。"

还有同样一个类似的故事：有一个年轻人对生活丧失了信心，准备割腕自杀。临死前，他搜空所有的记忆想找一个能让自己活下来的理由，但他所能记起的都是些伤心事。绝望之时，他脑海中突然闪现出一件事：小学时的一次写生课上，他画了一棵树，绿色的枝干，绿色的树叶。老师从他身后走过，说了一句："多么有创意啊！"正是这一句模棱两可的话，让他摆脱了痛苦又重新燃起了生活的希望。

上述故事里，说明了带给他人激励，就会帮助他人摆脱痛苦，远离失败、找到快乐，自己也会从中得到莫大的快乐。假如一个人总是生活在别人的指责、轻视、嘲笑中，往往会自甘平庸，甚至心理变态，仇视他人和社会。而一句饱含爱心和善意的激励，则可能引导他走入人生正途。

拥有快乐的人必须具备乐观豁达的心胸，善良宽容的品质、积极向上的态度、坚韧不拔的性格、善于鼓舞他人的善心。这就要求我们用自己的真心、爱心、诚心、善心去对待我们周围的人和事，当我们的内心充满"感恩"这个词的时候，我们就很快忘记别人过错，牢牢地记下别人的帮助和爱护，那么我们就会成为一个远离痛苦、拥有快乐和友谊的人。

幸福悟语

远离痛苦和失败，既要找到我们的快乐钥匙，又要善于激励他人走出痛苦的困境！爱的反面不是仇恨，而是漠不关心。其实我们身处的地方，不管是环境还是人、事、物都很容易影响我们的情绪起伏，但我们不能忘记掌握自己的快乐，激励他人走上坦途！

活得真实，不让虚名遮住了美丽的风景

　　生活中，很多人不由自主地陷入了虚名的怪圈里，他们被那些虚妄的名利遮住了视野，生活不再纯真，信念不再坚定，幸福不再如影随行。虚名让自己活在痛苦茫然、虚无缥缈的世界里，无法着陆。这种痛苦和煎熬，会比失败更厉害。活得真实，真的是一种智慧。

　　没有人没有烦恼和痛苦。我们从呱呱坠地的那一刻起，哭声就伴随着我们的生命一起降临，人们总是不解为何新诞生的婴儿要以哭泣来迎接这"美好"世界，他送给我们的第一份礼物就是他悦耳的哭声。于是有人大胆猜想，也许他根本就不愿意来到这个世上，来承担他们无力承受的喜怒哀乐，但是，命运不可违，既然不能够违背，就只能用这种方式来表示他们的抗议。

　　活得真实，就让我们用真诚去打动别人，别人也会待你真诚。加强我们的品质修养，让我们的魅力由内而外渗透出来。注意细节，不让小毛病毁了我们的整个形象。我们会欣赏到更多美丽的风景。

　　在湖南怀化学院的校园内，每天早上一位23岁的男生，都会用自行车，把一个10多岁的小女孩送到石门小学，晚上再接回到

他们的住处——男生宿舍下的楼梯间。这位男生就是2003年从河南省西华县考入怀化学院经济管理系的洪战辉。而那位小女孩和洪战辉并没有血缘关系，是犯有间歇性精神病的父亲捡来的弃婴。由于母亲离家出走，这位捡来的妹妹，由他一手带大。从洪战辉读高中时，他就一直把妹妹带在身边，一边读书一边照顾年幼的妹妹，靠做点小生意和打零工来维持生活，如今已经照顾了十几年。

这个令人感动的故事里，面对命运的挑战，洪战辉并未退缩，他用自己尚且稚嫩的双肩，背起了一份沉甸甸的责任，尽管辛苦，但他们一家人的生活过得井井有条。可以说，洪战辉活得很真实，并未因困难重重而痛苦，也并未因为贫穷而自卑，从而失去做人的尊严。他将痛苦彻底地抛弃，坚强地上路。

痛苦激励人上进，但长久的苦难并不是什么好事儿，别人真正欣赏的不是你的苦难，而是你的奋斗。我们不能为了虚名，而让自己打肿脸充胖子。自己能做好的事情就自己做，不必无缘无故地接受别人的慷慨。人最可怕的不是没钱，而是缺精神，那样会使他更痛苦。

生活中，不时遭受磨难、挫折或陷入逆境是常有的事。人生在世，不如意之事十有八九，没有一帆风顺的人生，因此，人生路上谁也无法回避那些不期而遇的风雨冰霜。活得真实，关键一点就是不能让虚名左右自己。

在我们漫长而又短暂的人生路上，我们曾经为梦想拼搏奋斗过，也曾经经历坎坷痛苦失落过，曾经欢笑过，也曾经痛哭过；

七、营造自我快乐心境
——得到属于自己的精神富足

曾经为执著的事情怦然心动过，也曾经黯然神伤过。但只要活得真实，不陷入虚幻的情境当中，我们就能远离痛苦和失败，我们就会赢得快乐，最终还是成功的。其实，我们每个人的人生就是一部书，一部正在由自己书写的书。这部书能否写得真实和精彩，全由这部书的主角来决定，它不掺杂太多的虚名，而这部书的主角正是我们自己。

幸福悟语

人们常被虚名所累，却忘记了享受生活的真实。人生就像一杯浓酒，不经细细品味，就难以体会其中带来的特有的甘醇；人生也是一曲乐章，我们是弹者，当弹起人生的乐章时，就不要停，也不应该停。不论乐曲是否美妙，只要不停地弹下去，就一定会赢得喝彩与掌声！

抱有空杯心态，让我们的人生更加豁达

一个小有成就，但颇有些心高气傲的年轻人去大师那里求道。大师要他往一个杯子里倒水，并且不要停，结果杯子满了，水溢出，洒了一地。年轻人不解其意，大师说："既然你知道杯子是满的，水怎么还能倒进去呢？"需要解释的话很简单，如果

你的心里盛满了自以为是的道理，又怎么吸收新的东西和学问呢？而又怎么能不失败呢？

如果我们能将自我缩小，用空杯的心态看待这个世界和万事万物，我们的视野将会更开阔，脚步更稳健，成长更顺利。通往成功的道路上，失败不可避免，空杯的心态更是不可缺少。

一个人，甚或企业如果不敢和不能"空杯归零"，都极有可能永陷失败的境地。如果将自己放小，那么世界就会变大。当心中装满了自己，就不会有别人的地方，世界当然就会很小。改变观察的视角，首先需要将自我"倒空"，只有这样，才能抵消痛苦，实现更好的自我。

生活在这个世界上，你一定不止一次地意识到：自己最大的竞争对手，并非是那些"钩心斗角"的人，而是自己！总会在某个阶段，突然意识到自己的上进心已经被重复的琐事所羁绊，对一直热爱的工作产生了松懈，而过往的成功经验转眼间已经成为绊脚石……于是，我们不难理解，为何"茶满了"这个具有禅意的故事让许多企业家感触颇深，被奉为案头圭臬，"空杯心态"也常被用来做个人修心、员工教育与企业发展的指引导向。

"空杯心态"其实是一种心态意识，并不是让我们一味地去否定过去，而是以放空过去的态度去观察新的生活，开拓新的领域，用积极的心态来对待那些全新的挑战！没人会喜欢骄傲自满的人，就算不管别人的目光和议论，自高自大而忽略了普通工作中的平凡小事，也可能给自己带来痛苦，埋下失败的隐患。

计算机硕士学位毕业的杨锦曾是学校里的尖子生，初入职场

时也是自信满满，公司派给的编程任务，自觉不费吹灰之力，看着一起工作的同事对于一个小程序仔细研究，心里暗想是画蛇添足。几个月实习期下来，他完成任务的速度远远超过他的前辈们。可是出乎意料的是，杨锦被婉拒了。年轻气盛的杨锦很不甘心，当即反问上司："你为什么宁愿录用那些学历不如我的员工？也不愿意要我这样一个学校里的高才生。"上司笑笑，告诉杨锦："你的优秀是大家有目同睹的，但正是因为你太过优秀，不容易沉下心去研究那些看似简单的程序，而公司的发展并不是凭空而起的，是要依靠那些简单程序的不断改进和发展的。如果你的优秀无法应用到公司的发展上来，那么对于公司又有何用呢？"

听了上司的一番话，杨锦一下子脸就通红起来，他开始意识到自己的骄傲和自大，从那以后他将"空杯"的思想写在自己的床头，每天都会仔细看一遍，对自己百般叮咛。慢慢地，他的言行越来越谦虚谨慎。经过一段时间的求职，杨锦又找到了一份满意的工作，与以前不同的是，他的工作态度严谨了很多，也愿意静下心来研究那些看似简单的程序，并从中吸取了很多的经验和知识。就这样，经过了一年的努力，他终于走上了主管的位置，每当别人问起他的经验和感受时，他总是会提到自己当初的那段求职经历："当初的我，太过轻狂了，正是那位领导的一席话为我敲醒了警钟，无论是做人还是工作都应该拿出那种空杯的心态，只有这样才能不断进步，不断地完善自我……"

这个故事告诉我们，生活中，我们常常会面临角色的转换和环境的改变，有时是从学校到单位，有时是从一个单位到另一个单位、从一份工作到另一份工作。这时候，最容易犯的错误就是将过去的成功和经验用于新的角色和环境中，结果处处碰壁，造成了很大的障碍，让自己陷入痛苦和失败当中。要想迅速在新角色、新环境中获得成功，就必须放下过去，主动"空杯"，抱着从零开始、重新学习的心态，培养自己对新角色、新环境的适应力。

"空杯心态"不仅对深陷失败和痛苦的人有用，更对那些初涉职场的人具有很大的潜在价值。有人说，它的价值在于它让人找到职业发展的金钥匙，也有人认为，这种心态可以让我们正确认识自己，并与阻碍自己发展的因素告别。但更重要的是"空杯心态"还可以让我们"重新认识自己"，从而规避失败的风险。

遭遇逆境的时候，我们需要重新认识自己，在逆境中重生。懂得去熟悉、学习那些我们陌生甚至曾经抗拒的东西。这是很关键的。因为我们的工作不可能一直处于上升的状态，会出现挫折和失败。因此，学会"以退为进"，从"茶满了"到"空杯"，后退一步，似是离终点更远，但其实是由此获得了另一种走得更快的方式。以为自己喝过的某种茶就是最好喝的，所以不舍得浪费杯中半滴，孰不知，摆在眼前将饮未饮的茶会更好喝，不把杯中的喝掉或倒去，就无法迎接更加新鲜的东西。

摒弃痛苦和失败的阴影，在面对新环境、新角色的时候，更需要主动"空杯"，空掉过去的"光环"，适应现在的角色和环境，将过去的能力转化为现在的能力，将过去的经验先放在一边，甚至有必要的话，完全"倒掉"过去的经验，只有这样我们

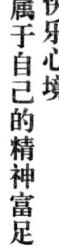

才能从失败中站起，真正获得更深层次的进步，拥有一个更美好的未来。

幸福悟语

著名学者林语堂先生有过这样精辟的高论："人生在世——幼时认为什么都不懂，大学时以为什么都懂，毕业后才知道什么都不懂，中年又以为什么都懂，到晚年才觉悟一切都不懂。"这是"空杯心态"的最完美体现。"空杯心态"不但是一种职业精神，更是一种人生境界，一种修身哲学。它让我们的道路更加豁达，让我们意识到自己的不足，让我们懂得舍弃该舍弃的才会得到更多。

激情是我们向上的动力

大多数的成功人士均有一种普遍的个人理念：一个人如果想成功，他必须把自己全部的生命激情都投入进去。正是激情，在社会的各个领域造就了无数的奇迹。对个人而言，成功与失败的分水岭往往在于：有的人凭着激情全身心地投入，而另外一些人却因不够专心致志而陷入了失败。

当我们兴致勃勃地工作的时候，努力让自己的老板和顾客满意时，我们所获得的利益就会增加。所以，在我们的言行中加入激情这种神奇要素，吸引具有影响力的人，也是成功的基石。

爱默生曾说：人类历史上每一个伟大而不同凡响的时刻，都可以说是激情造就的奇迹。

充满激情的人能把工作的重压变成人生的闲适，能把学习的紧张变成轻松的享受，能把人生的负数变成进步的正数，能在单调乏味的环境里发现生活的乐趣。

美国著名人寿保险推销员弗兰克·帕克，凭借着对工作的激情创造了众多奇迹。

最初，帕克是一名职业棒球运动员，后来却被球队开除了，因为他动作无力，没有激情。球队经理对帕克说："你这样对职业没有激情，不配做一名棒球职业运动员。无论你到哪里做任何事情，若不能打起精神来，你永远都不可能有出路。"这次惨痛的经历给了帕克沉重的打击，但他并未意志消沉。

朋友又给帕克介绍了一个新的球队。在工作的第一天，帕克做出了一个惊人的决定：他决定做美国最有热情的职业棒球运动员。从此以后，球场上的帕克就像装了马达一样，强力地击高球，把接球人的手臂都震麻了。

有一次，帕克像坦克一样高速冲入三垒，对方的三垒手被帕克强大的气势给震住了，竟然忘了去接球，帕克赢得了胜利。激情给帕克带来了意想不到的结果，不仅将他出色的球技发挥得淋漓尽致，还感染了其他队员，整个球队变得激情四溢。最终，球队取得了前所未有的佳绩。

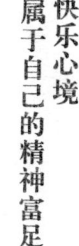

七、营造自我快乐心境——得到属于自己的精神富足

当地的报纸对帕克大加赞赏："那位新加入进来的球员，无疑是一个霹雳球手，全队的人受到他的影响都充满了活力，他们不但赢了，这场比赛也是本赛季最精彩的一场比赛。"

由于对工作和球队的激情，帕克的薪水由刚入队的500美元提高到约4000美元。在以后的几年里，凭着这一股热情，帕克的薪水又增加了约50倍。

后来由于腿部受伤，帕克离开了心爱的棒球队，到一家著名的人寿保险公司当保险助理，但整整一年都没有业绩。帕克又进发了像当年打棒球一样的工作激情，很快就成了人寿保险界的推销明星。后来他一直从事这个职业，取得了非常优秀的成绩。

帕克在回顾他的职业生涯时深有感触地说："我从事推销30年了，见过许多人，由于对工作保持着激情的态度，他们的收效成倍地增加；我也见过另一些人，由于缺乏激情而走投无路。我深信激情的态度是事业成功的最重要因素。"

这个故事里，帕克并未因教练的打击和自身的劣势而陷入失败的痛苦中，相反，他用激情重拾起棒球事业的信心，不仅成为优秀的运动员，薪金也一路水涨船高。在竞争激烈的保险业，帕克保持激情本色，创造了辉煌的业绩。打败痛苦，激情必不可少，这是帕克的故事所要告诉我们的。

激情可以帮助我们战胜痛苦，取得成功，不论你处境多么艰难，请不要放弃信心。如果你处在一个冷门行业，但只要你有"激情"，你就会努力成为这冷门中的顶尖；而任何一个行业的顶尖人才，他们是绝对不会为生活发愁的。这世界很宽广，能够让我们自由追求梦想，前提是我们知道自己的梦想在何处，并拥有为之奋斗的激情。

激情是我们向上的动力，它出自内心的兴奋。英文中"激情"这个词是由两个希腊字根组成的，一个是"内"，一个是"神"。事实上一个有激情的人，等于是有种力量在他的内心里。它是内心的光辉，是向往成功的无限动力。

假如一个人充满了激情，我们就可以从他的眼神里看出来，可以从他的步伐看得出来，还可以从洋溢着的活力中看出来。激情可以改变一个人对他人、对万物的态度，激情使得一个人勇于挑战失败、战胜痛苦，让他更加热爱人生。

激情源自于内心，植根于一个可行的目标。产生持久激情的方法是制定一个目标，努力工作去达到这个目标。而在达到这个目标之后，再定出另外一个目标，再努力去达成。不停止地奋斗可以让人充满兴奋和挑战，如此就可以帮助一个人维持激情于不坠。

激情可以鞭策我们奋起做事。我们要在生活中培养激情，让我们自己的激情增加，强迫自己采取激情的行动。深入发掘所研究的题目，研究它，学习它，和它生活在一起，尽量收集有关它的资料，也会不知不觉中让我们变得更有激情。

要想取得成功首先要保证身体健康。一个人如果全身充满了活力，他的精神和情感也会充满活力。

激情是战胜痛苦和失败的利器。人不可缺少激情。一旦缺乏激情，军队就不能克敌制胜，艺术品就不能流传后世。一旦缺乏激情，震撼人心的音乐就不会被创造出来，那些令人叹为观止的

七、营造自我快乐心境——得到属于自己的精神富足

宫殿也不会被建造出来，自然界各种强大的力量也不会被人类所驯服，激情书写的诗歌也不会去打动心灵，也不能用无私崇高的奉献去感动这个世界。正因为拥有了激情，人类得以探索更为广阔的世界：伽利略通过望远镜，最终让整个世界都拜倒在他的脚下；哥伦布克服了艰难险阻，领略了巴哈马群岛清新的晨风。因为拥有了激情，自由才获得胜利；因为拥有了激情，人类举起了手中的利斧，开辟出通往文明的道路；也依靠着激情，弥尔顿、莎士比亚、李白、杜甫等才在纸上写下了他们不朽的诗篇。因为拥有了激情，痛苦和失败才会被打败。

所以说，拥有激情，才可能战胜痛苦和失败，开启我们心中潜藏的光明。

幸福悟语

激情，让人挣脱痛苦和失败的束缚，像野马只有脱了缰才能在奔跑时发挥出全部的潜力一样，人在充满激情的状态下才能发挥出自己的最大能量。我们要战胜失败，消除痛苦，可以在做一件工作前，先给自己来一段鼓舞的话，其效果就像教练对球员讲话一样。一个人如果知道自己身上蕴藏着巨大的力量，他将创造出巨大的奇迹！

幽默的态度为成功添砖加瓦

充满幽默感的人，给人的感觉是他的生命里没有痛苦和失败的字眼，世界仿佛也是一片欢声笑语，和有幽默感的人打交道，人们的生活也是其乐无穷。生活里，如果我们能善用幽默的口吻，那你就有了超越常人的力量。不但能博得在座者的喜爱与赏识，同时也是博得上司、同事、朋友好感的最佳秘诀。市场经济条件下，幽默成了一种无形的竞争资本，显示出了独特的魅力，是你战胜痛苦和失败的法宝之一。

生活中，很多人反感谈论悲伤、尖锐或沉闷的话题。相反，明朗、幽默的话题却深受大众喜爱，因此，话题要选择明朗而活泼的，还要用一种机智的方式表达出来，才会引得大家的高度注目。人常说，假如人生是一条长街，我就不愿意错过这街上每一处细小的风景。那么这风景一定是幽默带来的欢快的心情，也是用幽默驱除痛苦之后的快乐心境。

在现实生活中奔忙，善用幽默的人可缓解他们的紧张与压力，甚至会获得不可常得的机遇。同时，它还是人们摆脱困境、推销自己的一种非常有利的工具，它能够在瞬间使我们摆脱尴尬，赢得转机，从而成功地赢得对方的认同和支持。

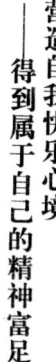

七、营造自我快乐心境
——得到属于自己的精神富足

在一次电台主持人招聘面试中,面试官问一位女同学:"三纲五常中的'三纲'指的是什么?"这名女同学回答说:"臣为君纲,子为父纲,妻为夫纲。"回答中她刚好把三者关系颠倒了,引起了哄堂大笑。可她气定神闲,幽默地说:"我说的是新'三纲',如今人民当家做主,公务员是人民的公仆,当然是'臣为君纲';计划生育产生了大量的'小皇帝',这不是'子为父纲'吗?如今,妻子的权利逐渐升级,'模范丈夫'、'妻管严'流行,岂不是'妻为夫纲'吗?"新锐的见解让面试官眼前一亮,顺利将其录取。

这个故事中,该名女同学机智幽默的回答,不仅让她从口误的困境中摆脱出来,还显示了她竞争的实力,她的口才与智慧也展现无遗,最终使她成功地展示了自我的实力,顺利地通过了面试。

以幽默的态度面对痛苦、直面人生,你的生活才会豁达。人只有在幽默中才能洞察人生的快乐和幸福。只有幽默能将人生的方方面面包容其中。我们应该需要了解到我们身上有什么缺点,才有可能去改变。乐观的人的好处是他们有幽默感,他们可以以一种很幽默、很诙谐的方式看那些不是令人很愉快的方式。这种态度就是一种积极的态度,即使大家身处困境,痛苦缠身并抱着悲观的态度。但是幽默出现的时候,人们既不悲观也不乐观,以旁观的心态,保持头脑清醒,走出一片人生的新天地。

幽默是一种品质,是一种乐观的人生态度,反映的是一个人个性的真实和应变的能力,可以体现一个人的机智以及不妥协的态度。对于人和事，消极地抵制和粗暴地反抗都是不明智的。

著名影星英格丽·褒曼在谈及"幸福的秘史"时，不无幽默地说："幸福就是健康加上坏记性。"人生在世，不畅意的事太多，假若事事铭记在心头，岂不太累。一颗宽容、豁达的心，也是我们幽默的源头。

以幽默的态度直面人生，生活将更加美好和灿烂。维特根斯坦说："幽默不是一种心情，而是一种观察世界的方式。"当世界荒唐时，以一种严肃认真的态度对待它同样是荒唐的，而以一种漫不经心的态度来消解它，便成了智者的最佳选择，于是就有了幽默。幽默的语言是人们自然感情的流露，它必须有深刻的思想意义，它的运用要服从于思想、情感的表达。仅以俏皮话、耍贫嘴、恶作剧来填充幽默的不足，换取廉价的笑是浅薄的。同一种幽默在不同的场合具有不同的效果，因此，趣味性的话语也要随着不同的场合适当地变换，使气氛更显融洽。

幽默的含义是有趣或可笑且又意味深长。幽默语言是运用意味深长的诙谐语言抒发情感、传递信息，以引起听众的快慰和兴趣，从而感化听众、启迪听众的一种艺术手法。所以很多时候幽默体现的是一种智慧，它必须建立在丰富知识的基础上。一个人只有有了审时度势的能力，广博的知识，才能做到谈资丰富，妙言成趣，从而做出恰当的比喻。培养深刻的洞察力提高观察事物的能力，以恰当的比喻，诙谐的语言，方能使人们产生轻松的感觉。

七、营造自我快乐心境
——得到属于自己的精神富足

幸福悟语

对别人幽默，你会赢得友谊和笑声；对人生幽默，你将战胜痛苦，赢得快乐和幸福。笑是"人间最短的距离"，不可否认，幽默是友情的催化剂，它能使人瞬间战胜痛苦，从失败的阴影里解脱出来。灿烂的笑容代表了一种友善和接纳。凡是有幽默的地方，就会出现情趣盎然、气氛和谐、妙趣横生的景象。渴望成功的人们，不妨也让自己幽默一下吧，它会帮你战胜痛苦，赢得生活新生机。

八、玩味人生的N次转折
——卓越是要靠自己去争取的

我们在这个世界上生存,不能够事事计较,不要沉浸在痛苦的回忆之中。而是要凭我们的努力,认真修炼自己的品性,提高自己战胜痛苦的实力,从无限的发展变化中寻求转机,走上通往卓越的成功之路。

人生苦短,生活不可逆转,可供我们休闲的日子并不是很多,我们孜孜不倦地努力为的是追求幸福和快乐,但背负着过去的痛苦和失败走完这一生真的不值得。当过去的痛苦袭上心头时,有意识地转移自己的思绪,控制自己的情绪,使自己乐观起来。同时,加强自身的修炼,储藏成功的实力,为未来的成功铺就道路。淡忘过去的痛苦,才能走出自己的心狱,走向未来的卓越!

爱好带给你快乐

　　人除了工作和奋斗以外，还有一种非常重要的事项，那就是爱好。爱好填充我们工作以外的人生，给了我们工作以外的快乐时光。如果一个人只知道工作而不懂得如何休闲，那他就算不上一个成功的人，充其量是一个工作狂，他也是痛苦和失败的。

　　我们的一生不可缺少爱好，否则，便觉得生活无趣也无聊。如果人们整日忙碌于内心并不喜欢但迫于生计不得不做的工作，会常有身心疲惫之感，甚至会怀疑人生的意义。如果我们都有喜欢和乐意要做的事情，便可调节身心缓解压力，会让我们感到痛苦和失败并不可怕，生活还是有苦也有乐的。

　　人们的心理感受是很奇妙的，凡是爱好的事再苦再累人们也会感觉到快乐。但是，让我们做自己不喜欢做的事的时候，就会感到身心都很痛苦，这种身心感受的同一和叠加会吞噬人的幸福感。

　　生活中，能把谋生的手段和自己喜欢做的事情结合起来的人，他们是很幸福的。能将自己的爱好兴趣作为终生事业和毕生工作，他们更有可能做出一番成就。比如爱因斯坦成天喜欢遐想宇宙空间物质在怎么运动，爱迪生喜欢捣鼓破钢烂铁，牛顿喜欢像幼儿一样地思考人为什么没从地球上掉进宇宙去……这些有广泛兴趣爱好的人就这样做了想了一辈子，也快乐了一辈子，最后他们研究出了一大批对人类有用的东西，影响了人类发展的进程，其实那只是他们兴趣爱好的副产物。这些人在芸芸众生中也许只可能是少数，因为多数人做不到把自己的兴趣爱好发挥到极致，不能用来从失败中崛起，所以也不会有那么多的成功出现了。

鲁迅先生平生最喜欢的事情莫过于收藏书籍，这些书籍不但满足了他的阅读需求，同时也带给他人生的快乐。综观《鲁迅日记》24年的书账，详细记载了他平生购置并保藏的9600多册书籍和6900多张古文物拓片，共160500件图书。

据说鲁迅总是利用各种机会，想方设法搜寻和购置大量的图书。书，在鲁迅看来，简直比吃饭更有价值。侍候鲁迅母亲生活了多年的帮工王某回忆：有一次，母亲劝鲁迅买几亩水田种，供自家吃白米饭，省得每月去粮店买大米吃。鲁迅听了笑笑说："田地没有用，我不要！"然后又大声说："有钱还是多买点书好！"鲁迅平时总说：有钱还是多买点书好。

图书，是鲁迅最珍惜的精神财富和物质财富。他用不朽著作如《中国小说史略》《汉文学史纲要》参考了数量惊人的古籍文献，大半出于他精心搜集的藏书。他利用藏书和借书编辑了《古小说钩沉》《唐宋传奇集》《小说旧闻钞》等；他为了翻译一些外国文学作品预先购置了大量参考书籍，甚至委托朋友们从欧洲、日本购买外文原版。

八、玩味人生的Z次转折——卓越是要靠自己去争取的

上述故事为我们展现了鲁迅先生一生对书籍的酷爱，爱好带给他快乐和成就，更让他消除现实的痛苦，追寻到了未来的光明。我们虽然不是名人，但是我们同样需要爱好——为挑战失败，为成功铺路。

其实在人的一生当中，没有永远的成功，但注定要经历失败的考验，才能逐渐走上成功的台阶。在这样的过程里，与其痛苦地活着，不如让爱好为生活加点作料。大多数人都曾失败过，面对痛苦和失败，会困惑、迷茫，曾想着去放弃，总以为失败老是缠绕着他们，但兴趣和爱好会带给他们向上的无限动力！

爱好让我们的人生不再单调，充满了诗情画意。爱好让我们逃离苦痛，战胜失败，从人生的低谷中寻找到了曙光。爱好激发了人们的创作力，使无数的美文诞生；爱好使人的阅历丰富，见多识广；爱好使人挑战极限，挑战了失败，创造了无数的奇迹。总之，珍惜你的爱好，你的人生会丰富多彩！

幸福悟语

人是在失败中走向成功的，也会在成功中走向失败。没有永远的成功，就没有永远的失败；没有永远的阳光，也没有永远的夜晚！就让爱好做我们人生的点缀吧！其实喧嚣的尘世受约束的是我们的行为，不受约束的是我们的思想，只要我们的思想有正确的认识，多点快乐的兴趣爱好，人生就不会被失败所困扰。

在逆境和顺境中历练，拓宽生命的高度

现实生活中，很多人只看到眼前的葡萄，当他伸手去摘的时候才发现前面原来是一个深渊。痛苦和失败，有时候是由于太顺利造成的。所以说，我们身处逆境不必哀叹，身处顺境也不必狂喜，要随时保持清醒的头脑并坚持自己的梦想，那么成功就不会遥远。

身处逆境，对人的考验是极大的。人最绝望的时候不是身处黑暗当中，而是在黑暗前的黎明放弃挣扎。一个小小的决定足以改变一个人一生的命运，也因为如此，人们虽处在困境但也一直坚信，并努力着，逆境是暂时的，尽管目前还没有达到自己的期望值，甚至还有很大的差距，但他们相信，这只是黎明即将到来前的黑暗。他们不能因为这个黑暗而放弃挣扎和努力，或许，这个过程会很长，但是如果放弃，那么自己就将陷入永久的黑暗当中，人很容易在经过一段努力而无所得之后放弃原有的梦想，所以，成功的人始终是少数，因为很少有人能够如此坚持。

只要人们不断地从失败中汲取教训，那么成功也就离他不远了。成功的原因有千万种，但失败的原因却只有那么几种，不断地总结失败和研究失败其实就是将顺境和逆境进行转化所必经的

八、玩味人生的Z次转折
——卓越是要靠自己去争取的

途径。人一定要有梦想，否则他的生活将是痛苦的。因为梦想可以让身处逆境的人不断奋斗，寻找快乐的源泉；让身处顺境的人随时不忘自己的目标，警醒自己不再失败，使人们在结束了一个目标再去斗志昂扬地制定下一个目标。因此，人生的目标是翻越逆境和顺境的大山，是人们在一个又一个目标的追求中达到卓越，完成自我的升华。很多时候，救自己从痛苦中解脱的人不是别人而是我们自己。

在一个青黄不接的初夏，一只在人家仓库里觅食的老鼠意外地掉进了一个盛得半满的米缸里，这飞来的口福使老鼠喜出望外，它先是警惕地环顾了一下四周，确定没有危险之后，接下来便是一通疯吃猛吃、吃完倒头便睡。

老鼠就这样在米缸中吃了睡，睡醒了再吃。日子不知不觉地在丰衣足食的悠闲中过去了。有时老鼠也曾为是否要跳出缸去进行过思想斗争与痛苦的抉择，但终究未能摆脱白花花的大米的诱惑。直到有一天它发现米缸见了底。才觉得以米缸现在的高度自己就是想跳出去，也没有这个能力了。

这个故事里，缸米就是这只老鼠的一块试金石。如果它想全部据为己有，其代价就是付出自己的生命。因此，有管理学家把老鼠能跳出缸外的高度称为"生命的高度"。而这高度就掌握在那只老鼠自己的手里，只要它多留恋米缸一天，多贪吃一寸，它就离痛苦和死亡更近一步。

在我们的现实生活中，多数人都能够做到在明显有危险的地方停留自己前进的脚步，但能够从潜在的危险中作出清醒判断，并及时跨越"生命的高度"，就很困难了。

当我们遇到一些顺境，或者一些外在的利益和福报的时候，一定要视为彩虹一般，不能贪婪。虽然这些名誉、地位、财富、权势，暂时对自己有益，非常美妙，我们可以用来享受，也可以拥有，但这都像彩虹一样，但它潜在的风险，会让我们陷入无尽的痛苦和失败之中。

所以我们一定要注意，不能被诱惑，被干扰，被染污，要保持内心清净。人们在逆境当中，容易发现自己的缺点和不足，也容易调整心态，但是在顺境中非常难以把握。我们在得到了一些帮助、一些好处、一些表扬，春风得意的时候，都非常执著，沉溺其中而不能自拔。忘却了自我，这个非常可怕，一定要注意！

请看另一则故事：

有一天，一头猪到马厩里去看望他的好朋友老马，并且准备留在那里过夜。

天黑了，该睡觉了，猪钻进了一个草堆，躺得舒舒服服的。但是，过了很久，马还站在那儿不动。猪问马为什么还不睡。马回答说，自己这样站着就算已经开始睡觉了。

猪觉得很奇怪，就说："站着怎么能睡呢，这样一点也不安逸的。"

马回答说："安逸，这是你的习惯。作为马，我们习惯的就是奔驰。所以，即使是在睡觉的时候，我们也随时准备奔驰。"

对于深陷失败和痛苦泥潭的人来说，是选择安逸还是"准备奔驰"，选择一开始就至关重要。一个满足于现状的人，只能够停留在起始阶段，不仅不会有发展，而且还可能遭到被淘汰的命运。

一切伟大与壮丽的成功，后面都充满了痛苦与磨难，任何有价值的生命无不体验着失败和艰辛。舜"发于畎亩"，饱受忧患，后来光耀人间；家喻户晓的姜太公在入世之前的"苦其心志""空乏其身，行拂乱其所为"。如果有些人功成名就，坐享其成，只图安乐，忘乎所以，意志消磨，心迷智昏，上天就会使其委靡灭亡，历史的规律即如此。

无数事例说明，人一旦安逸且在安逸中不再努力奋发的话，那么所有的繁荣都会灰飞烟灭，成为过眼云烟。而有些人明白这个道理，在他身处顺境的时候从来不会放松，身处逆境的时候从不放弃，最终，他们获得了成功。

社会是公平的，对于那些付出努力的人总是给予回报。很多东西得到是很不容易的，顺境和逆境是一个随时转换的过程，没有谁一直处在顺境或者逆境，但如果自己放弃，那么，顺境也会离我们慢慢远去。

在现实生活中，有的人在经过苦难、不幸、失败和痛苦等生活的煎熬后，就像一个铁砧，愈被敲打，愈溅出火花，终于"凤凰涅槃"了；有的人身处富贵之家、万千宠爱之中，最终落得个"富贵不知乐业，贫穷难耐凄凉"的窘迫境地。世界纷繁复杂，人们很容易被迷惑，不经过历练很难达到成功。

对于经历过失败和痛苦的人而言，要认清失败的真实面目，不要认为自己年轻而没有对抗困难的本领。事实上，人都是最英勇、最有活力的斗士，人们有着顽强的生命力，经得起时间的考验，内心怀有一颗乐观积极的心，外部要有一层坚韧的皮，微笑着去迎接困难的挑战，扩宽生命的高度，用自己的优势去刺穿困难的真面目，才会战胜痛苦和失败。只有亲身经历过顺境和逆境的考验，才能切身体会到困难带给我们的经验和成长。

辛福悟语

不管是成功还是失败，我们都要常怀忧患之心，顺境中要节制，要警醒；困境中要坚韧、要搏击。不被痛苦和失败吓倒，时刻不忘磨炼意志，奋发图强，以求得我们的全面发展。困境给我们奋发的动力，顺境给予了我们自省修身的机会。

辛勤与智慧相结合，活出自我

俗话说，世上没有绝望的处境，只有对处境绝望的人。辛勤和汗水可以帮助我们从困境中解脱，我们不能在痛苦和失败中迷失了自我。只有积极适应环境的变化，想别人想不到的，做别人不敢做的，辛勤和汗水一路伴随，才能跟上时代的脚步。辛勤和智慧相结合，就能活出自我，让你的潜能无限涌出。

具有辛勤这个优秀品质的人，如果再不吝啬使用他自己的智慧，他一定能够成为一个富人。因为，辛勤工作才是致富的真正秘诀。再加上智慧的发挥，定能登上万丈高峰。付出你的勤劳吧，有一天，你站在自己财富大厦的顶端回头看看走过的路，你就会发现，原来辛勤和智慧，正是摆脱痛苦和失败的法宝，也是你致富的真正秘诀。

"蜡烛两头烧"是许多现代人共同的心声。工作上，尽心工作，付出更多的努力用以养家；回家还要有"家务承担"及"子女照护"等问题，这些都是很多人压力和痛苦的来源。

人生最痛苦的遭遇，莫过于"有了钱却一点也不快乐"。曾经有人问美国的石油大王洛克菲勒："谁是世界上最贫穷的人？"洛克菲勒这样回答说："世界上最贫穷的人，莫过于除了金钱外，就一无所有的人。"就是说，很多痛苦的有钱人，没有经历付出辛勤和智慧的过程，钱财在他们手里没有成就感，就是没有活出真正的自我。

没钱令人苦恼，更让人痛苦，但只要付出你的辛勤，发挥你的智慧，你的钱财一定不会少。但如果有钱还不快乐，甚至因为太过忙碌而严重偏离了迈向幸福之路的航道，根本不知道自己过着怎样的生活，"快乐生活"离自己有多远。没有付出的辛勤，没有付出智慧的经营，自己的幸福感也就不会那么珍贵。

Corte inglés 不仅是西班牙最大的百货公司，而且其分店遍布西班牙各地，但是鲜有人知道，这家公司的创始人是由一个做裁缝的小作坊起家的。裁缝这个行业在任何一个有些历史年头的国家都属于传统的手工行业之一，英国、意大利这些国家所生产的名牌西装之所以价格惊人，就是因为都是由那些知名的裁缝一针一线缝出来的。龙丹就是一个心灵手巧的裁缝，一个在西班牙的土地上依靠其精湛的手艺来生存的中国裁缝。

龙丹原来在国内就是做裁缝这一行的，在国内的时候自己开的裁缝店，给客人改制衣物也为客人提供一些服装的定制，但当时整条街都是裁缝店，竞争也比较激烈，所以生意不好不坏，后来她就想，与其守着这个不大的裁缝店，不如出去闯一闯，当时在青岛出国的热潮很高，而且大多都去西班牙淘金，她也就随着这股潮流来了西班牙。或许是运气比较好，2004年到西班牙，第二年就获得了很多人梦寐以求的合法身份。

龙丹刚过来的时候在一家制衣工厂上班，大约上了8个月，就离开工厂，先是自己开了一家制衣工厂，招聘了几个工人，自己当起小老板。那时候虽然收入还可以，但是毕竟要管理好几个工人，接的活多了，几个人都要忙到很晚，也比较辛苦，干了一段时间后，觉得自己一个人做有点吃不消，后来就将工厂转手，自己开了一个糖果店，那时候还没有经济危机，生意还过得去，但几乎所有的时间都耗在店里面，从早到晚地忙，本以为开个小店会轻松很多，谁知道似乎和之前的制衣工厂的辛苦程度也相差无几。以前虽然也累，但毕竟干的是老本行，后来开了店，手艺也闲置了，反而倒有些心痒痒了，再加上经济危机后，糖果店的生意也不好做了，于是干脆就关了小店，重操旧业干起了裁

八、玩味人生的乙次转折
——卓越是要靠自己去争取的

缝了。

在西班牙，裁缝同样也是一个传统的行业，在 San Sebastian 区有4家裁缝店，都是西班牙本土的裁缝，这里也有一些南美人和摩洛哥人开裁缝店，但并不多，中国人就更少了，西班牙本就是个比较闲适的国家，所以愿意做裁缝这行的人也有限。她之所以重操旧业是因为看到在西班牙大多数华人都是忙着开店，百元店、糖果店、餐馆、酒吧这一类的餐饮行业，这些行业看起来收入不菲，但是其实真正想赚得多也不容易，而且人必须从早到晚地在店里面，很累。而裁缝这个行业，涉及的人就要少得多，自从龙丹开了裁缝店近一年来，每天都有近百的收入。龙丹说："你别看缝缝补补的都是些小活，但是钱都是积少成多的，我刚开店的时候，生意也一般，但是慢慢地，有知名度了，活就多了，而且很多活对我来说都是举手之劳，不消一会就做好了。"

在打开知名度的问题上，龙丹说："我刚开店的时候，生意也只是一般，毕竟别人在这里开得久了，有了知名度，我一新来的，名不见经传，所以就必须另辟蹊径去寻找属于我的优势。而个人觉得，优势第一是价格，第二是效率。说到价格，打个很简单的比方来说，客人拿着不合身的西服过来改，如果是一般比较廉价的西服，在老外裁缝那儿改一下要8元10元的，那在我这儿可能5元6元就可以了，如果是名牌的西服，那价格就要高一些，一般老外那里可能要25~30元，那我这里可能20~25元就够了，别小看这几块钱的差距，便宜些至少让客人的心里要舒服很多。从效率上来讲，比这里的任何一家老外的店都要高，同样是改个袖子，截个长短什么，老外的店经常要等好几天，但是我就可以给客人加班加点地赶出来，在同样保证质量的情况下，我的费用低、速度快，那慢慢地口碑自然也就上来了，渐渐生意也就好了起来。我想如果我的店开在马德里的市中心，或许生意会更好。"

上述故事里，这些背井离乡在异乡生活的同胞正是凭借自己的辛勤和汗水，再加上自己精湛的手艺，发挥着他们的聪明智慧才能在异国生根立足，如果说 Corte inglés 的创始人可以由一个裁缝的小作坊起家，发展成全西班牙最知名的百货公司，那么，人生的大厦，不也是由辛勤和智慧来撑起的吗？

从现在开始，就让我们用辛勤和智慧打造自己的幸福生活吧。不必为痛苦和失败抱怨，要学会调节心理平衡，不给自己制定太高的目标。要时刻保持放松的心情，把注意力转到让自己快乐的事情上来；待人待事要豁达，该忘记的别记住，该记住的别忘记；为自己创造一个快乐、宽松、积极、和谐的生活环境，不管遇到什么问题，抱着"车到山前必有路"的潇洒气度，冷静地应对各种变化，化逆境为顺境，变压力为动力，为自己的心情找一个快乐的出口。影响一个人的快乐的因素，不是他拥有多少，而是他知道自己拥有多少，并能够完美地活出自己。

幸福悟语

人生苦短，就好像白驹过隙，过得健康、幸福是我们的最大追求。我们苦苦寻觅的所谓快乐，其实就在身边，只不过追逐的

目光和惯性的抱怨使我们不懂得欣赏自己已经拥有的幸福。用辛勤和智慧来再创造，不被他人的声音所左右，活出自我，你就是快乐的！

竞争是进步的一种手段

在这个世界上，每天都上演着无声而激烈的竞争，尽管很多人都声称"共赢定天下"，但是面对你来我往的挑战，我们仍然需要沉着冷静，勇往直前。竞争不是坏事，没有竞争你就不会脱颖而出取得成功，但是竞争让人痛苦，没人知道下一个被淘汰的人是谁。既然不可避免，就从容地面对吧！竞争会是我们脱离痛苦，赢得成功的一种手段。

通过竞争，有人获得了成功，也有人因此而失败。有人给竞争下了一个定义，那就是两个或两个以上的个人、团体在一定范围内为了夺取共同需要的对象而展开较量的过程。大千世界，因为存在竞争而充满生机和活力；芸芸众生，也由于竞争才能使得人才脱颖而出。时代的每一步发展，社会的每一次变革，无不充满竞争。竞争的结果就是优胜劣汰，成功者喜笑颜开，失败者伤心痛苦。

不管怎样，竞争不可避免，还是让我们从容面对吧！我们不怕失败和痛苦，就要学会对竞争者微笑，欣赏你的对手，相信笑到最后的也一定是你！在竞争的过程中必然要有一些竞技和争夺，但是请你在抚平自己痛苦的时候，也要欣赏对手，那样我们会赢得更豁达。

竞争贯穿于我们生活的各个阶段。考试要竞争，上大学要竞争，应聘要竞争，升职要竞争，抢占客户和市场还是要竞争。这一切的一切一定给你带来了不少的压力，以至于你再坚强的外表之下也会经常彷徨，不知道应该向左还是向右。

一个在秘鲁的国家级森林公园里，养着一只年轻的美洲虎。美洲虎是一种濒临灭绝的珍稀动物，全世界现在仅存17只，所以为了妥善地保护这只珍稀的老虎，秘鲁管理人员便在公园中专门辟出了一块近20平方千米的森林作为虎园，还精心设计并建盖了豪华的虎房，好让它自由自在地生活。

虎园里森林浓密，百草芳菲，沟壑纵横，流水潺潺，并有成群人工饲养的牛、羊、鹿、兔供老虎尽情享用。凡是到过虎园参观的游人都说：如此美妙的环境，真是美洲虎生活的天堂。

然而，让人感到奇怪的是，从没有人见过美洲虎去捕食那些专门为它预备的活食。从没人见过它王者之气十足地纵横于雄山大川、啸傲于莽莽丛林。甚至，也从未见过它有模有样地吼上几声。

人们最常看到的是它整天待在装有空调的虎房里打盹儿，吃饱了睡、睡饱了吃，整天无精打采。

有人说它大概是太孤独了，若有个伴儿，或许会好。于是，政府又通过外交途径，从哥伦比亚租来一只母虎与它做伴，但结果还是老样子。

有一天，一位动物行为学家到森林公园来参观，见到美洲虎那副懒洋洋的模样儿，便对管理员说：老虎是森林之王，在它所生活的环境中，不能只放上一群整天只知道吃草，却不知道猎杀的动物。

这么大的一片虎园，即使不放进几只狼，至少也应放上两只豹，否则，美洲虎是无论如何也提不起精神来的。

管理员们听从了动物行为学家的意见，不久便从别的动物园引进了几只美洲豹放进虎园。

这一招果然奏效，从美洲豹进去虎园的那一天开始，这只美洲虎就再也躺不住了。它每天不是站在高高的山上愤怒地咆哮，就是有如飓风般地俯冲下山岗，或者在丛林的边缘地带警觉地巡视和游荡。

老虎那种刚烈威猛、霸气十足的本性被重新唤醒。

它又成了一只真正的老虎，成了这片广阔的虎园里真正的森林之王。

在我们的生活中，类似于这个美洲虎的人比比皆是，他们在安逸的工作环境里，很难有出色的表现。由于缺乏竞争意识，导致他们在自己的职场生涯中频频出错，最终既得不到上司的认可，也得不到同事的拥护。而一旦出现了竞争的危机，他们的潜力和能力被最大化地激发出来，他们的事业更加优秀，心态越来越好。

竞争能促进社会的前进，所以渴望成功和快乐的我们就要积极去应对，以乐观向上的态度投入竞争。如果没有竞争的对手，就表示没有进步的空间，从商业的角度来看，向对手学习，维持竞争的关系，其实是挺好的，而这也是社会不断进步的重要原因。

想到这里让我们来看看下面这则故事：

小孙刚刚毕业，来到了一家民营企业做销售人员。刚开始，公司是根据自身的经营状况按一定比例来发放工资，这对于经验匮乏的小孙来说，再合适不过了，但是，小孙是一个勤奋好学的人，下了决心要好好干上一番。由于虚心好问，前辈们也都乐意向小孙传授经验，加上自身的努力，客户猛增，业务渐入佳境。小孙的事业渐渐地步入正轨，而且当听到同学诉说着"社会和校园的巨大反差，同事都明争暗斗"时，小孙为身边有着热情的同事以及和善的老板而感到很庆幸。

但好景不长，除了和小孙一样新来的几名员工努力奋斗着，其他员工似乎根本就没心工作。出去联系业务实际上就是三人一群、两人一伙地逛商场；去趟洗手间也能晃半个小时，吸支烟，聊聊天。小孙虽然没说什么，可是心里有些不舒服，感觉自己的劳动成果被"懒人"瓜分一样，越来越不满意"大锅饭"现象。

眼看公司经营效益下降，上层决定将员工的工资和绩效挂钩，而且基本工资也压得很低，差不多每个员工都得拼命才能通过提成超过以前的薪水。

此后，公司内的"闲人"也都积极投入到工作中，忙着跑业

八、玩味人生的 Z 次转折
——卓越是要靠自己去争取的

务、谈客户，根本就不在乎那是在上班时间还是占用了私人时间。尤其在公司规定，如果连续三个月业绩都为最差的话，就要列入辞退的名单中，当然如果连续半年都为前三甲，就会被提升，薪水也因此大大翻番。

尽管小孙比刚来时进步很多，但比起已经工作了好几年的同事来说，客户基础简直就微不足道。而且他明显感到公司的氛围变了，同事之间的交流少了。请教问题时也不像以前得到真诚的帮助，老板也变得严肃不少，每天感觉很是压抑，不敢看每月的排行榜，但也为了每月进入前三名而苦苦奔波着。小孙觉得有些承受不住了，头脑中不时窜出跳槽的想法。

小孙没有气馁，他明白没有竞争就没有进步的道理，努力学习销售知识，勤奋地挖掘新客户，与同事们展开了竞争。一段时间后，他为自己的立足打下了坚实的基础，不仅能超额完成任务，每月还能拿到不菲的奖金。

这个故事告诉我们，逃避竞争只能让其更痛苦，参与竞争反而让自己更强大。痛击别人并不会让你变得更强大，也不会让我们摆脱痛苦。相反，这只会减低你的战斗力，而学习对手会带给你更大的成就。竞争，是进步的一种手段。小孙正是从中尝到了甜头。

大多数人不喜欢竞争带来的痛苦和它的残酷，但竞争有成功就会有失败，有微笑就会有痛哭，其实结果并不重要，重要的是我们参与了整个过程，也许你觉得这是一句空话，可是如果你能够真真正正地去思考一下，再感悟一下自己的人生就会发现，在追求成功的奋斗过程中，尽管你要的东西不会百分之百实现，但竞争的过程会给你很多的副产品，你的付出总会有回报。

消除痛苦要付出代价，当我们被别人诋毁、伤害、否定时，先别急着难过，因为有可能是对方把你当成可怕的对手，先试试你的能力在哪里，倘若你很容易地就被对方击败了，那么你的对手也会觉得兴味索然，认为你不堪一击。

有人把你当成对手，那就表示，你的能力足以威胁到他的存在，你可以亦喜亦忧，然而，不管如何，活在这个世界上就像某种生态的平衡。你不会只有敌人，而没有朋友，朋友和敌人一样，也都是人际关系中的一种平衡。

我们的发展不能缺少对手，假如是那样，我们的人生就会甘于平庸，养成惰性，让我们的事业庸碌无为，生活缺乏幸福。一个群体如果没有对手，就会因为相互的依赖和潜移默化而丧失活力、丧失生机。总之，欣赏你的对手吧！并且，努力让自己也做一个别人敬重的对手，一个别人不敢随便欺负的对手。你会发现，你的生活从此将会改变。

在我们的身边，许多人犯了这样一个致命的错误：总是诅咒我们的对手，或是因为我们遇到了对手而失魂落魄。他们认为是对手给我们制造了痛苦和失败，殊不知，你的成功必然也是竞争的结果。只有竞争，才会有所进步。你应该为我们遇到了这样一个对手而庆幸。我们要成功要幸福，竞争就是你的伙伴，没有竞争，我们发现未知幸福的动力就无从找寻，我们梦寐以求找寻的成功也就渐行渐远。欣赏你的对手，他们会帮你弥补不足。残酷

八、玩味人生的Z次转折——卓越是要靠自己去争取的

的竞争并不可怕，也不会令你痛苦，我们既要迎难而上，也要保持良好的心态，无论结果如何我们都要对将来充满希望。

幸福悟语

有竞争才会有发展，竞争并不是我们痛苦的真正原因，恰是我们摆脱痛苦的好办法。"要成功，需要朋友；要取得巨大的成功，就需要竞争者"。正是有了竞争者的存在，才会促使我们努力地做好自己的事。可以这样说，有时候，竞争者比朋友的力量更大，欣赏你的对手，你的博大会令你更加强大。竞争是一件再正常不过的事情，从我们还未来到这个世界的时候竞争就已经开始了。欣赏并感谢对手吧，因为正是他们，我们才会更快地成长。

高傲地昂起头，才能看到希望

美好的生活应该是时时拥有一颗轻松自在的心，不管外界如何变化，自己都能拥有一片清净的天地。面临痛苦和打击，我们依然可以高傲地昂起头，放下挂碍，开阔心胸，心里清净无忧，看到未来的光芒。

那些成功者，总敢于在风口浪尖上经受考验，高傲地昂起头,将"我不行"三个字从字典中删除,总是在痛苦的黑暗中看到了希望和光明。他们不接受外界加给他们的"不行",更不允许对其打击,在别人觉得最不可能的地方,高傲地昂起头,那些人采取最超乎常人之处,终于取得常人无法想象的成功。

生活中,我们绝大多数的失败都是因为希望不够,觉得自己不行而低下了头。很多人为失败开脱,经过多少次尝试,或受过几次挫折后,就认为自己只有那么一点水平和能力,对自己丧失了信心。

清末,孙中山留学归来途经武昌总督府,想见湖广总督张之洞。他递上"学者孙文求见之洞兄"名片,门官将名片呈上。张之洞很不高兴,问门官来者何人?门官回答一儒生。张总督拿来纸笔写了一行字,叫门官交给孙中山:持三字帖,见一品官,儒生妄敢称兄弟。这分明瞧不起人,孙中山只微微一笑,对出下联:行千里路,读万卷书,布衣亦可做王侯。张一见,不觉暗暗吃惊,急命大开中门迎接这位风华正茂读书人。对不躲避成功,勇向高峰冲刺的人,谁能抵挡呢?从这一小事,就不难理解孙中山后来为何能成为领导者,推翻了清王朝。

孙中山没有深厚的背景,但他能昂起高傲的头颅,勇敢地去实践,抱着远大理想最终将腐朽的王朝推翻,不能不说历经失败,但永葆希望光芒,成功就大有可能。

生活里,失败的人开始失去对自己的希望,后来的发展也就会不尽如人意。有几次偶尔的挫折和失败,并不代表生活全部,

八、玩味人生的Z次转折——卓越是要靠自己去争取的

更不代表这个人永远失败。人们完全可以通过改变外在条件，或提高内在修养和能力，否定"事实证明我不行"这个论调。多试几次看一看，说不定会创造出意想不到的奇迹。

希望和理想必须建立在真实的、客观的个人条件基础上，否则就是无道理的理想，是没有现实意义的。有了希望的心，有了理想的路，前途才会更加明确。不要在没有思考，没有分析前就消极地把事情打上不可能实现的标签。事实上，我们要鼓励自己"你能行"，有希望才会有动力，我们才会在探索的过程中无往不利，勇往直前。

能够把痛苦变成快乐，把绝望变成希望，不让某方面的缺陷限制自己对理想的追求，汤姆·邓普就是这样一个不平凡的人。请看下面这则故事：

在汤姆·邓普出生的时候，他只有半只脚和一只畸形的右手。自从懂事以来，父母就告诉他，不要对自己的人生绝望，不要因为自己的残疾而感到生命受限，别人可以做到的事情，你同样可以做到，甚至可以期望自己能够做得更好。

小时候，汤姆·邓普和别的孩子一起参加童子军团，那些健全的孩子完成行军10里的时候，汤姆也坚持走完了10里。后来汤姆·邓普发现了自己的一个优点：他可以把橄榄球踢得比其他在一起玩的人还要远。于是他让鞋匠专门设计了适合他身体特点的鞋子，然后他积极地参加了橄榄球队的入队资格测试。出乎所有人意料的是，他通过了踢球测验，还得到了冲锋队的一份合约。然而当教练看到他的身体条件以后，遗憾地告诉他：他不具备成为职业橄榄球员的条件，应该去从事其他的事业。不过汤姆·邓普坚持让教练给他一个机会，教练虽然心存怀疑，但是看到这个男孩这么自信，不忍心打击他，终于答应给他一次机会。

在一周后的友谊赛中，汤姆·邓普踢出了55码远的得分，让教练也不得不对他另眼相待，大加赞赏。这次胜利使他获得了为圣徒队踢球的工作，而且在那一季中为他的一队踢得了99分。然后到了最伟大的时刻，球场上坐满了球迷。球是在28码线上，比赛只剩下了几秒钟，球队把球推进到45码线上，但是根本就可以说没有时间了。教练喊道："汤姆·邓普进球！"当汤姆进场的时候，他的队距离得分线有55码远，球传接得很好，汤姆·邓普拼出全力踢在球上，全场的眼睛都盯在这个球上，同时为汤姆·邓普担心着，这球能够达到所期待的距离吗？

最终的成绩得到了全场的肯定，球在球门之上几英寸的地方越过，裁判举起了双手，表示得了3分，汤姆一队以19比17获胜。球迷狂呼乱叫为踢得最远的一球而兴奋，汤姆·邓普虽然身体残疾，却为整个球队的胜利赢得了最后一分，也为他的人生谱写了光辉的一页。

当记者问他是什么给了他如此巨大的力量时，他微笑着说："对生活的希望，对生命的热爱。虽然我的身体有些不利条件，可是我从来没有放弃过对人生的理想。我觉得每一个人都应该对生活充满希望，不要轻言放弃。"

这个故事再次告诉我们，即使身处痛苦的境地，也要对生活充满希望，对生命充满热爱。高傲地昂起头，快乐会接踵而至。

八、玩味人生的Z次转折——卓越是要靠自己去争取的

有时候不是我们做不到，而是我们还没开始，就先把自己否定了，这是很遗憾的事情。

　　这些年来，出现了一些由于对自己对生活失去希望而放弃生命的事例。很多高级知识分子甚至包括成功的人都选择轻生来结束自己珍贵的生命。在一封博士的遗书中，他曾多次提到由于经常感到生命没有意义，因寻找不到任何希望之光而痛苦，最终选择离开。心理学家分析：这些抑郁症患者多数是对生命的失望，他们由于心中缺少对未来的希望而容易选择轻生，除了药物治疗外，最关键的是个人要主动地调节自己的心态，无论遇到什么挫折都要对自己的人生充满希望。

　　对于每个人而言，高傲地昂起头，你的自信就会回来，希望之心就会重新燃起。失败的人拥有了希望之心，才能百折不挠；成功的人拥有了希望之心，才能不骄不躁，继续进步。希望之心对于任何人都是必备的，人生要充满自信，昂起高傲的头颅，活得才会潇洒。若没有希望，就成了一片死海。对于大多数失败者，并不是他们的能力有问题，而恰恰在于他们的心态。缺少希望之灯的人生，就像一个在黑暗中航行的小船，很容易由于害怕风浪而搁浅。

　　我们如果能够把痛苦和失败当做是花开，不结果实也毫无怨言；不结果实也能够坚定地奔赴未来，我们的人生总会出现阳光。关键是，我们要依旧坚实地昂起高傲的头，一步步坚实地走下去，总会有美丽的未来。

幸福悟语

人生实在是太苦短，自己何必总是活得不开心。有烦恼是正常的，没有烦恼才是不正常的。要是自己心情不好时，不妨去看一场电影，不妨去听一段音乐，不妨去唱一支歌曲，不妨去打一个电话，不妨去享受一下阳光。心别太累，学会解脱自己，高傲地昂起头来，才能看到希望。

善于自省和思考，就会走向卓越

我们常说不要重蹈覆辙，但是在同一个地方跌倒的悲剧经常上演。这时候，我们就要思考究竟是我们在哪个地方出现了问题，这些问题要用方法加以改进，以彻底消除失败带给我们的痛苦。反省和思考的力量在于，它教会我们从失败中如何站起，又如何不在同一个地方跌倒。

我们在这个世界上打拼，遭遇挫折和痛苦，碰上低潮都是常有的事，在这种时候，反省能力和自我反省精神能够很好地帮助我们战胜痛苦，善用失败的力量重新为我们积蓄力量东山再起。曾子说"吾日三省吾身"，反省对从失败中崛起大有裨益。对经历过失败的人来说，问题不是一日三省吾身、四省吾身，而是应

八、玩味人生的Z次转折
——卓越是要靠自己去争取的

该时时刻刻警醒、反省自己，只有这样，才能时刻保持清醒。有专家将自我反省的能力放在成功人士的十大素质的最后一项，并不意味着我们认为它是最不重要的一项。相反，这是成功者需要的综合素质，每一项素质都很重要，不可偏废。缺少哪一项素质，将来都必然影响事业的发展。有些素质是天生的，但大多数可以通过后天的努力改善。如果你能够从现在做起，时时惕厉，培养自己的素质，你的成功一定会指日可待。

有一次，一位下属因经验欠缺而使一笔贷款难以收回，松下幸之助勃然大怒，在大会上狠狠地批评了这位下属。

事后，仔细一想，松下为自己的过激行为深感不安。因为那笔贷款发放单上自己也签了字，下属只是未摸准情况而已。既然自己也应负一定的责任，那么就不应该这么严厉地批评下属了。想通之后，他马上打电话给那位下属，诚恳地道歉。恰巧那天下属乔迁新居，松下幸之助得知后便立即登门祝贺，还亲自为下属搬家具，忙得满头大汗。而且，事情并未就此结束。一年后的这一天，这位下属收到了松下的一张明信片，上面留下了一行亲笔字："让我们忘掉这可恶的一天吧，重新迎接新一天的到来！"看到松下的亲笔信，这位下属感动得热泪盈眶。

这个故事告诉我们，人难免犯错误，而只要善于自省和思考，就可以扭转失败的局面，向有利的方面转化。松下幸之助没有因为自己是老板，而不去反省自己的行为。正因为他能够反省，他的下属对他充满了感激之情，这样的员工能不尽心效力吗？知耻者近乎勇，连那些成功人物都能够自省自检，我们还有什么办不到的呢？

在人生的旅途中，不可能总是一帆风顺，只有时刻持有反省和思考的信念我们才能走得更远更稳。无论何时何地，也不论我们所从事的工作面对什么样的环境，只要能以清醒的、意志坚定的头脑去对待，不论面对的困难有多严重，我们都能取得最终的胜利。在许多关键时刻，我们要体现出沉着镇静、遇事不惊的态度，成功才会来得更快。有时候正是因为你在别人慌乱的时候，你保持沉着冷静，认真地反省和思考，掌握清楚了局面和状况，所以你赢了。工作上生活中处处都能体会到反省带给大家的好处，有时也正是你把反省转化为你处世的信念。你若想出色地完成本职工作，就要给自己一个强烈的信念。一旦反省的意识在我们的心中树立起来，就会激发自己各方面力量，让我们勇敢地去面对一切工作中的困难和障碍。

错误开始是一直只想到对方的千错万错——这是令我们走向痛苦的不利因素。因此，放任情绪只会使事情越来越糟，弄到不可收拾的地步，假如人与人之间发生摩擦和矛盾，则其后果更是难以想象。

失败和成功是一对矛盾，人在失败时，就要学会自我反省和思考，会对自己看得很清楚，从失败中找教训、找差距，迎头赶上，最终取得成功。而在成功时，有时会被胜利冲昏头脑，看不清自身存在的不足，骄傲自满，从而导致失败。可见，自省和思考是多么的重要。很多时候，人们都会产生烦恼，觉得自己过得

八、玩味人生的Z次转折
——卓越是要靠自己去争取的

异常忧郁，没有别人那般的洒脱，也缺乏他人拥有的那份快乐。但只要拥有了自省和思考，从失败中汲取力量，你就能走向卓越！

幸福悟语

相比于失败带给我们的痛苦，不会反省和思考带给人们的痛苦更加强烈，那些经常失败的人不懂得如何总结经验教训，不懂得通过改进自己积极适应外界的环境，其实，这是很可悲的事情。一个能转败为胜的人，是那些善于自省和思考，积极应用失败的力量帮助自己成功的人，他们才是我们的榜样。

可以失败，但不可以放弃

要想在失败中站起，我们就要保持沉稳的心态和昂扬的信念，败而不馁，不轻易放弃最后一刻的坚持。在失败后用冷静的目光审视失败，总结失败的经验教训，会重新获得智慧和力量。失败不会长久，失败并不能说明我们已与成功无缘，只是说明我们暂时还没有成功，失去的只是一次成功的机会。在失败时不失去奋斗的信心和勇气，不轻言放弃，敢于拼搏，就能拥有成功的希望。

怨天尤人的人，除只能增添烦恼和忧伤外，对转变他失败的状况毫无益处。爱因斯坦在创立相对论以前一次又一次的求证定理，经历了一次又一次的失败，他的感受是怎么样的，我们不得而知。但有一点可以确定，在他的信念里始终屹立着一个不倒的原则："即使失败再失败，也决不放弃！"是的，在我们的生活中，有许多美好而难以得到的东西，是值得我们去孜孜以求、永不放弃的！

若是放弃，成功难以到达；若是放弃，如同放弃了即将得到的成功。人生可以失败，但不能轻易言弃，明天灿烂的阳光正等待我们呢，待到成功之时，再对自己说："我做到了！"那将是何等的幸福。

古今中外，功成名就的人数不胜数，但是，他们都有一个共同点：永不放弃。屈原小时不顾长辈的反对，不论刮风下雨，天寒地冻，躲到山洞里偷读了《诗经》305篇，并从这些民歌民谣中汲取了丰富的素材，最终成为一位伟大诗人。唐代高僧玄奘，为了求取佛经原文，他从贞观三年八月离开长安，万里跋涉，西行取经，终于到达印度，历时17年，著有《大唐西域记》，为佛教和人类进步与世界文明作了重大贡献。《简·爱》的作者夏洛蒂·勃朗特曾经意味深长地说："人活着，就是为了含辛茹苦。"我们都生活在苦难之中，但是总有人仰望星空。失败了就放弃，那么，会让我们离目标越来越远。

美国百货大王梅西于1882年生于波士顿，年轻时出过海，以后开了一间小杂货铺，卖些针线，铺子很快就倒闭了。一年之后

八、玩味人生的Z次转折
——卓越是要靠自己去争取的

他另开了一家小杂货铺，仍以失败告终。在淘金热席卷美国时，梅西在加利福尼亚开了个小饭馆，本以为供应淘金客膳食是稳赚不赔的买卖，岂料多数淘金者一无所获，什么也买不起，这样一来，小铺又倒闭了。回到马萨诸塞州之后，梅西满怀信心地干起了布匹服装生意，可是这一回他不只是倒闭，而简直是彻底破产，赔了个精光。

不死心的梅西又跑到新英格兰做布匹服装生意。这一回他时来运转了，他买卖做得很灵活，甚至把生意做到了街上商店。头一天开张时账面上才收入11.08美元，而现在位于曼哈顿中心地区的梅西公司已经成为世界上最大的百货商店之一。

梅西遇到无数次失败的打击，依然百折不挠地开展他的事业，从一个屡次倒闭的小杂货店，最终发展到世界上最大的百货商店之一。失败令我们痛苦，但不放弃让梅西战胜了失败，最终赢得了成功。

不放弃就是一种不向失败低头的勇气。它像撞击岩石的执著的浪涛，它像贫瘠土地上顽强生长的嫩芽，这是一种顽强和坚韧的美，成功的希望就在顽强坚韧中冉冉升起。

当我们身处困境的时候，靠什么去战胜困难呢？首先靠决心和毅力，靠不放弃的韧性。查德威尔是一个成功横渡英吉利海峡的女性，但她不满足于现状，决定从卡塔林那岛游到加利福尼亚。但到了最后一公里，不知道什么原因，她还是犹豫着放弃了，最终失败，令人为之惋惜。

没有谁会顺顺利利，人生的道路是曲折和坎坷的，只有走过去才知道，失败或者成功，只是我们人生的某个驿站，哪怕100次地跌倒，我们也要101次地站起来，用一次次的失败和一次次的成功去验证我们的梦想，编织属于自己的绚丽人生。

有一个女性朋友因男友家太穷，苦恋了四年仍未能结婚，她闷闷不乐，觉得缺乏安全感。他知道了她的心思，搂紧她坚定地说："等着吧，我会早日回来风风光光地娶你的！"他辞去工作后离开了她，他每月给她一个问候电话，并不说出他的情况，他想给她一个惊喜。哪知第十个电话他准备告诉她一个好消息时，她却先说道："我要结婚了。"这当头一棒，他立即傻了。原来她怀疑他的胆略与智慧，她等不及了。要知道他已是一家大集团公司的部门经理了，并准备接她去上海。婚礼那天他回来恭贺她时，只说了一句话："鲜花慢慢开，你却放弃了。"

上述故事里，恋人间缺乏沟通和信任固然可以理解，但最重要的是，他们缺乏对爱情最真挚的执著，之前四年的爱恋全部化为泡影，没有将爱情之花延续下去。的确，鲜花需要慢慢开的。夜来香若急于开放，那么它就会在烈日下枯萎；竹子若急于开花，那么开花后便要面临死亡。好事多磨，过程没有达到那个境界，成功就不会太早地来临。

成功者只找方法，失败者才找借口！在人生的旅途中，在成功的道路上，我们会有疲惫的时候，但我们可以学会自我激励。毅力强的人，会很轻易地说声："永不放弃。"若是精神脆弱，也不要被困难所击倒，同样要说声："永不放弃。"气球为什么会高

八、玩味人生的Z次转折
——卓越是要靠自己去争取的

飞，就在于它心中有升腾之气！只要我们心中都充满升腾之气，不抱怨失败，不甘于忍受痛苦，那么，我们的人生就还有无数个转机。

生活中最大的悲剧，不是一时的失败和贫困，而是大多数人往往甘于平庸和堕落，他们一旦遇到困难就决定放弃。放弃有时候虽是人生中尽了最大努力而攀不上巅峰时的一种明智选择，但坚毅顽强、永不放弃才是我们转败为胜的不二法门。

幸福悟语

没有什么是一成不变的，坚持的人就会成功。失败和痛苦是大自然对我们的严格考验，它借此烧掉人们心中的残渣，使人类这块"金属"因此而变得更加纯净。有个励志大师这样忠告我们："命运之轮在不断地旋转，如果它今天带给我们的是悲哀，明天它将为我们带来喜悦。"

没什么也不能没有目标，路要一段段地走

目标犹如蓝图，它对于一份事业成功的意义，就好比阳光、空气、水对于我们生命的意义一样。缺少阳光，意志会枯萎；缺少空气，灵魂会窒息；缺少水，生命会回归为零，我们更无法想

象自己该如何生存下去。失败不可怕，可怕的是没有目标！

假如我们的工作没有目标，我们的事业也将变得没有意义、没有希望，前途会变得一片渺茫。许多想在事业上有一番作为的人，常常会抱怨自己资质有限，自己距离成功实在太遥远。实际上，在那些靠自己努力开拓出一片天地的成功者当中，并没有几个能称得上是天才。对于我们来说，很多时候设立一个目标，并为之践行努力，就等于达到了目标的一部分。

生活中，很多人终其一生而一事无成，不是因为他们缺少雄心勃勃、排除万难、挑战痛苦和失败的动力，也不是他们做事情畏首畏尾，而是他们不敢为自己制定一个较高远的奋斗目标。其实，不管一个人有多么出众的能力，如果缺少了为之努力的高远目标，最终他也将一事无成。

李路在毕业后的一年多时间里，先后在物流、广告设计和图书发行3家公司的3个岗位上工作过。最近，她又要办离职手续，打算去上海发展。当朋友问她为什么要换工作时，她说："这公司效益一般，在这个公司发展没有前途，一点意思也没有。"所以，她希望去上海寻找新的天空。朋友问她："你去上海准备找什么工作？""这个我还没有想好，但我想找个待遇好点的工作，总之，我要离开这个破公司。"

像这样频繁换行业、换公司、换岗位的人，职场中比比皆是。他们并不知道自己应该做些什么？应该怎么去做，仅仅单纯根据工资的高低，以及一时的喜好，对自己的工作进行判断，确定是留在这家公司，还是换另一家公司。这种想法导致了他们换

八、玩味人生的Z次转折
——卓越是要靠自己去争取的

工作的频率跟换衣服一样。而盲目的职业更替，目标的缺失，让他们在事业方面迟迟打不开局面，最终浪费自己的宝贵青春。

这个故事启示我们，人们如果缺乏具体的职业发展目标，就只能像随波逐流的浮萍一样，四周都是方向，四周也都不尽全是方向。如果能早些明确属于自己的方向，人们才能尽早开始持之以恒地朝着那个方向去努力，取得最终成功，不然不仅让当事人痛苦，还会浪费青春年华。

王宁在大专毕业以后就在一家公司担任服务顾问，一做就是3年。她不是没想过跳槽，但因为现在社会上的招聘动不动就是本科、英语四级的，而自己学历低，英语也不好，与其费尽心力考虑换工作，不如把现在这份工作做好。虽然薪水不高，但她觉得只要认真踏实地做，总有加薪的一天。同时，自己还能在努力工作之余，认真学习公司的业务技能，时间长了，一旦公司其他位置有空缺，自己也就有了机会。除此之外，王宁还想下班后去进修，提高素养，不断给自己充电，如果跳槽，就没有时间学习了。

后来，王宁的苦心确实没有白费。几年后，王宁已经成了公司的老骨干，当服务部经理辞职，经理的位置空缺出之后，老板第一个想到的，就是提拔王宁。

这个故事说明了，我们要想在事业上取得成功，首先要明确自己的目标，如果没有具体的目标就会让我们思想苍白、格调低下，生活质量也将趋于低劣。如果我们还在为当下的生活迷茫痛苦，就不如给自己设定一个高的目标，从一开始就想清楚自己的目的地在哪里，以及当前自己所处的位置，然后朝着自己的目标坚定地前进。不管最终结局怎样，至少有一点可以肯定，你迈出的每一步都会有小小的成就。

当我们站在起点时内心里就怀有最终目标，这样做会让你渐渐地找到一种良好的工作方法，并最终养成一种高效率的工作习惯。确定好了奋斗目标，我们的人生也就成功了一半。

请看另一则故事：

在20世纪80年代的两次国际马拉松邀请赛上，一个名不见经传的日本选手山田本一出人意料地两度摘冠，从而引起世人的极大关注。面对蜂拥而至的各种议论、猜测，山田本一听之任之，不做任何解释。直到10年后，他才在自传中揭开谜底："每次比赛之前，我都先乘车把比赛线路仔细地看一遍，并把沿途醒目的标志画下来，比如第一个标志是银行，第二个标志是一棵大树，第三个标志是一座红房子……这样一直画到赛程的终点。比赛开始后，我就以百米冲刺的速度奋力向第一个目标冲去，等到达第一个目标后，我又以同样的速度向第二个目标冲去，40多公里的路程，就被我分解成这么几个小目标轻松地跑完了。起初，我并不懂这样的道理，我把目标定在终点线上的那面旗帜上，结果跑到10几公里时就疲惫不堪了——我被前面那段遥远的路程给吓倒了。"

山田本一的做法向我们揭示了一个道理：对于正在跋山涉水

的旅者来说，有目标固然可贵，但最重要的不是担心目标有多远，那样无形中只会增加你的痛苦。正确的做法是要学会坚定目标并逐个分割目标，然后一步一步去实现。而每走出一小步，是不需要多大勇气的。

经常有人在失败后，面对着烦乱不堪的局面感到烦闷和痛苦，挫败感让人窒息。的确，有时候忘记了带伞，但又不得不向前冲，被雨水淋过后，整颗心都似乎被雨水打过，心情更糟糕。但我们只要用豁达的心去面对人生，给自己树立一个目标，明确了我们前进的方向，只要通过努力最终到达了目的地，被雨淋又算得了什么呢？

幸福悟语

人生经历不起太多次失败。我们从一开始就要明确自己的目标，尽量地不走弯路，不要像无头的苍蝇那样乱闯乱撞。有梦想很可贵，真正做起来需要我们具体细化目标，才会让行动变得简单，成功也会变得不再遥远，人生也会更加充实。

在学习中不断自我超越

我们之所以会痛苦会失败，是因为我们的实力还不够充实，能力还有待提高，自我还未被超越。殊不知，学习是提高自身竞争力的主要途径，如果你要想事业有所成功，如果你想使自己的人生富有意义，就一定把终身学习当做你的人生信条。只有不断学习，勇于自我超越，我们抵御失败风险的能力才会得到加强。

只要想到学习，很多人不由自主会想到桌面上摆着的厚厚的一摞书，面前放着考试倒计时表，为了一张成绩单拼死拼活地死背书……不可否认，那也是学习，甚至让很多人为之痛苦，只不过那种学习是被动的学习，是应试教育体制造成的学习状态。进入社会，你必须改变自己的学习策略，变被动为主动，不断地通过学习超越自我，提高自己抗失败的能力，只有这样你才会在人生的竞争中处于不败之地，才能更好地抵御失败的风险。

社会发展到今天，学习已经成为我们不可忽视的一种需要，知识经济的增长带动整个世界变化，使知识快速更新，整个人类步伐加快。在这样的社会，我们被驱赶得疲于奔命，却总会在某一个时刻发现自己已经不能适应这个社会的高速运转。时间一天天地流逝，我们在一天一天地变老，世界却在一天天更新，不学

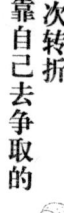

八、玩味人生的Z次转折——卓越是要靠自己去争取的

习就会让人与世界的差距在不知不觉间不断地扩大。于是，我们知道自己的生活需要知识的填充，需要知识的完善和积累。所以，学习至关重要，它已经成为我们必须要做的事情。

学习不可能一蹴而就，我们需要学会如何在工作中学习。不必担心自己现在努力是否还来得及，只要你愿意，什么时候学习都不算晚，因为年龄从来就不是学习的敌人，只要看你是否愿意去做。

失败不可怕，可怕的是我们难以战胜自我、超越自我。超越自我其实就是一个不断挑战自我、战胜自我的过程，这个过程需要我们全身心投入，锲而不舍地学习，勇于挑战自我。正如美国哈佛大学著名学者威廉·詹姆斯所说："生活中的成功并非取决于我们与别人比较，我们胜出了多少，而是取决于我们所做的与我们能够做到的相比较做得如何。一个成功的人总是和他自己竞争，不断刷新自我纪录，不断改善与提高。"所以说，学习可以让我们不断进步，超越昨天的自我，同样可以消除我们的痛苦，更能帮助我们获得提升。

不学习就会落伍，会被时代的大潮所抛弃，最终会让自己陷入痛苦和失败的境地。只有积极主动地学习，才会帮助我们超越自己，获得更多的经验和能力，帮助我们获得更广阔的发展空间。

知识经济时代要求我们必须不断学习各种知识，以充实和完善自己。在现代社会，为了使自己永远立于不败之地，为了能不断地进行自我超越，就一定要不断学习，养成良好的学习习惯。只有这样你才能在自己的岗位上做出一番突出的表现。

在竞争残酷的市场环境中，我们只有不断超越自我，才能在这块没有硝烟的战场上守住阵地，才能不至于过早地被他人所取代。

作家莱辛曾说："人的价值并不取决于是否掌握真理，或者自认为真理在握。决定人的价值的是追求真理的孜孜不倦的精神。"人生的道路需要我们自己去走，不管是命运还是机会，都要靠自己去创造或改变。因此，我们一定要坚持学习，不断地否定自己超越自我，从而提高自己的竞争力。生存的竞争尽管残酷，时代的发展也会让自己惊慌失措，但学习却是我们以不变应万变的最佳应对之策。

那么，究竟我们应该怎样提高自己的学习能力呢？究竟我们应该怎样做才能最快地通过学习提高自己的职场竞争力呢？看看下面几点，希望能够对大家有所帮助：

1. 积极而广泛吸收来自外部的信息

我们要以自身学习能力的提高为前提和基础，毕竟个人的知识水平是有限的，想让自己有所提高，你必须学会广泛吸收外部的信息知识、资源和变化，并乐于尝试新思想和新经历。这也是个人良好修养的一种表现。只有不故步自封、固执己见的人，才会真心倾听他人的想法并对他人的主张做出公正的评价，从而达到取长补短改进自己的目的。

2. 通过积极实践总结知识

一位爱好写作的青年曾经向鲁迅先生请教"成功的秘诀"。鲁迅拉着他的手一起来到海边，要他下水游泳。这位青年一下子怔住了，急忙掏出一本《怎样学游泳》的书，坐在礁石上看了起

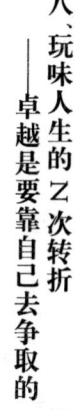

来，只有两只脚一起伸进水面搅来晃去。鲁迅先生就问："这本书你以前看过没有？"青年答道："看过五六遍了，但总觉得没有全部背熟……"鲁迅说："我来帮帮你！"说着，便把这位青年推进水里，结果这位青年终于在水中学会了游泳。

有些知识我们必须在实践中才能学到，只有真正在实践中获取知识，我们才能学会游泳。

3. 创意无限，善于发掘"点子"死角

"一个点子的好坏，不是看它是在组织内的哪一个层级酝酿出来的……点子可以来自各个方面。所以，我们可以翻遍整个地球去找寻好点子，我们可以用自己已拥有的与其他人进行交换。我们一再要求要提高标准保佑我们不断地和他人交换点子才能达到这个目标。"

这是通用总裁韦尔奇说的一段话，这里借用这句话来说明提高学习力有时就是在不经意的事、不起眼的人身上得到。所以，你一定要有一双发现"点子"死角的眼睛。

4. 反求诸己，经常审视自我

曾子说过这样一句话"吾日三省吾身"，说这是他之所以成功的秘诀，这就是所谓的自省。人们在各种活动中必须要经常自省，不断地审视自己。因为据社会心理学家研究表明，人们在对事物进行归因时，通常是把积极的结果归因于自己，把消极的结果归因于情境。如果这样，你很难做到主动、积极、公正地审视自己。

因此，我们要提高自身学习能力就必须要勇敢、主动、客观地反省自身情绪、思维及能力，准确评估组织及客观世界，勇于打破旧的格局,创建新的发展要素。正如狄更斯所言:"不论我们多么盲目和怀有多深的偏见,只要我们有勇气选择,我们就有彻底改变自己的力量。"学习能力的提高也是一样。

　　人无完人,任何人都有自己的缺陷和相对较弱的地方。也许你在某个领域已经满腹经纶,也许你已经具备了丰富的技能,但是对于新的企业、新的经销商、新的客户,你仍然是你,没有任何的特别。你需要用空杯的心态重新去整理自己的智慧,去吸收现在的、别人的、正确的、优秀的东西。

　　不断地通过学习超越自我才能永远立于不败之地。当代社会科技发展日新月异,知识在加速折旧,很多人在不知不觉间让自己落入失败和痛苦的境地中。"一次性学习时代"已告终结,取而代之的是终身学习、全员学习、全程学习、团队学习和超速学习。知识积累通过学习,创新的起点在于学习,环境的适应依赖学习,应变的能力来自学习。学习力已经成为个人立足社会,企业立足市场的竞争力!学习让我们摆脱痛苦、战胜失败。现在,你还在天天学习吗?

幸福悟语

　　现如今社会的竞争既是人才的竞争,更是学习能力的竞争。自我超越才能不断进步,如果你想将痛苦踩在脚下,就需要不断加强自己的砝码,不断地提高自己的学习能力,把外界提供的学习机会和自身的学习有机结合起来,不断提高自己,超越自我,这样才能获得发展的机会。

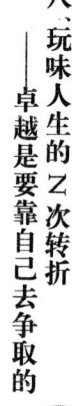

八、玩味人生的Z次转折——卓越是要靠自己去争取的